JN016107

次世代信号情報処理シリーズ **2**

Next SIP series

音声音響信号処理の基礎と実践

フィルタ，ノイズ除去，
音響エフェクトの原理

田中聡久 監修
川村　新 著

コロナ社

シリーズ刊行のことば

　信号処理とは，音声，音響，画像，電波など，連続する数値や連続波形が意味を持つデータを加工する技術です。現代のICT社会・スマート社会は信号処理なしには成り立ちません。スマートフォンやタブレットなどの情報端末はコンピュータ技術と信号処理技術が見事に融合した例ですが，私たちがその存在を意識することがないほど，身の回りに浸透しています。さらには，応用数学や最適化，また統計学を基礎とする機械学習などのさまざまな分野と融合しながらさらに発展しつつあります。

　もともと信号処理は回路理論から派生した電気電子工学の一分野でした。抵抗，コンデンサ，コイルを組み合わせると，特定の周波数成分を抑制できるアナログフィルタを構成できます。アナログフィルタ技術は電子回路と融合することで能動フィルタを生み出しました。そしてディジタル回路の発明とともに，フィルタもディジタル化されました。一度サンプリングすれば，任意のフィルタをソフトウェアで構成できるようになったのです。ここに「ディジタル信号処理」が誕生しました。そして，高速フーリエ変換の発明によって，ディジタル信号処理は加速度的に発展・普及することになったのです。

　ディジタル技術によって，信号処理は単なる電気電子工学の一分野ではなく，さまざまな工学・科学と融合する境界分野に成長し始めました。フィルタのソフトウェア化は，環境やデータに柔軟に適応できる適応フィルタを生み出しました。信号はバッファリングできるようになり，画像信号はバッチ処理が可能になりました。そして，線形代数や統計学を柔軟に応用することで，テレビやカメラに革命をもたらしました。もともと周波数解析を基とする音声処理技術は，ビッグデータをいち早く取り込み，人工知能の基盤技術となっています。電波伝送の一分野だった通信工学は，通信のディジタル化によって信号処理技術

なしには成り立たないうえ，現代のスマート社会を支えるインフラとなっています。このように，枚挙に暇がないほど，信号処理技術は社会における各方面での基盤となっているだけでなく，さまざまな周辺技術と柔軟に融合し新たなテクノロジーを生み出しつつあります。

　また，現代テクノロジーのコアたる信号処理は，電気・電子・情報系における大学カリキュラムでは必要不可欠な科目となっています。しかしながら，大学における信号処理教育はディジタルフィルタの設計に留まり，高度に深化した現代信号処理からはほど遠い内容となっています。一方で，最新の信号処理技術，またその周辺技術を知るには，論文を読んだり，洋書にあたったりする必要があります。さらに，高度に抽象化した現代信号処理は，ときに高等数学をバックグラウンドにしており，技術者は難解な数学を学ぶ必要があります。以上のことが本分野へ参入する壁を高くしているといえましょう。

　これがまさに，次世代信号情報処理シリーズ "Next SIP" を刊行するに至ったきっかけです。本シリーズは，従来の伝統的な信号処理の専門書と，先端技術に必要な専門知識の間のギャップを埋めることを目的とし，信号処理分野で先端を走る若手・中堅研究者を執筆陣に揃えています。本シリーズによって，より多くの学生・技術者に信号処理の面白みが伝わり，さらには日本から世界を変えるイノベーションが生まれる助けになれば望外の喜びです。

　2019 年 6 月

次世代信号情報処理シリーズ監修　田中聡久

ま　え　が　き

　大学講義の信号処理においては，座学が中心であることに加え，信号処理の
応用範囲が，音声，画像，電波など多岐にわたるため，信号処理の基礎理論と
応用技術の関連性がイメージしにくい。当然ながら，教科書も汎用性の高い書
き方となり，基礎理論を中心に解説される。さまざまな分野に応用できること
は述べられているものの，具体的な応用例の提示が限られてしまうことは避け
られない。

　企業などの開発現場で活躍される方々は，セミナーなどに参加して，大学で
学んだはずの信号処理を改めて勉強している。しかし，日々の業務に追われる
中で，基礎からの再学習には限界があるのも事実である。そこで，大学生，あ
るいは信号処理技術を必要とする初学者向けに，応用をイメージした信号処理
の学習ができれば効果的であると考えた。本書では，応用技術の中でも，音声・
音響に焦点を絞り，信号処理の基礎と応用を解説する。

　耳は，目や口と違って閉じることができない。我々人間は，眠っていても，外
部の音を鼓膜の振動を通して感じとっている。はるか昔から，人間は音声を発
し，それを聞くことで他者との意思疎通をはかり，また，雷鳴や獣の声を聞く
ことで危険を察知し，回避してきた。話や音楽を聴いてリラックスする，感動
する，気分を盛り上げる。耳はたえず働いていて，たった二つの鼓膜の振動だ
けで，音源の方向や位置の特定，雑音に埋もれた音の抽出，複数の音の選別，さ
らには人の感情や状態を知ることまでできる。このように，耳，あるいは聴覚
は，音を日常的に分析している。

　一方，最近の信号処理技術の発展により，音の分析・加工技術が進化してき
た。この恩恵を受け，音を人間にとって有益な信号に変換することが，比較的
容易にできるようになった。信号処理と音との親和性は高く，信号処理から音

を理解する，あるいは逆に，音から信号処理を理解することは有益である。

　本書は，音声・音響に関する信号処理技術を，できるだけ現場ですぐに活用できる形で，かつ平易に解説することを心がけて執筆した。しかしながら，筆者はまだまだ未熟，浅学であるため，ごく限られた技術しか扱うことはできず，その解説も拙い部分が多々あることと思われる。ぜひ読者や先輩諸兄からのご指導，ご鞭撻を頂戴したい。一方で，本書が，音声・音響の信号処理技術者にとって，少しでも有益なものとなるならば，筆者にとって最大の喜びである。

2021 年 2 月

川村　新

目　　　　次

1.　音で復習する信号処理の基礎

2.　発 声 モ デ ル

3.　スペクトログラム

4.　周波数分析に基づくノイズ除去

5.　適 応 フ ィ ル タ

6.　音響エフェクト

音で復習する信号処理の基礎

Next SIP

　本章では，音を題材として信号処理技術の基礎を復習する。最初に，ディジタルフィルタの基礎を解説し，低域通過フィルタ，高域通過フィルタ，帯域通過フィルタ，ノッチフィルタの設計方法を述べる。つぎに，ディジタル信号を分析する際に不可欠となる，離散フーリエ変換などの信号変換技術について解説する。さらに，音の信号処理で，頻繁に利用される窓関数とオーバラップ加算について説明する。

1.1　ディジタル信号とフィルタ

　空気中を伝わる音は，**アナログ信号**（analog signal）として存在している。アナログ信号を離散化すると，**ディジタル信号**（digital signal）が得られる。そして，ディジタル信号を加工するために，**ディジタルフィルタ**（digital filter）が用いられる。本節では，ディジタル信号およびディジタルフィルタの基礎的な事項について説明する。

1.1.1　ディジタル信号
　本書で扱う信号は，すべてアナログ信号を離散化した，ディジタル信号であるとする。このようなディジタル信号は，振幅方向，時間方向ともに連続値をもつアナログ信号に対して，振幅と時間の両方を離散化することで得られる。振幅の離散化は**量子化**（quantization）と呼ばれ，時間を離散化して値を得ることは**サンプリング**（sampling），あるいは**標本化**と呼ばれる。

図 1.1 に，アナログ信号を離散化してディジタル信号を作成する例を示す。この例では，量子化を 3 ビット（$2^3 = 8$ 段階）で実行しており，離散化された時刻において，0 から 7 のいずれかの値が割り当てられる。

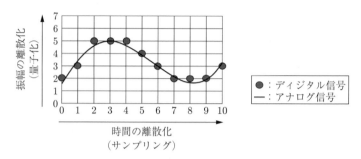

図 1.1 アナログ信号を 3 ビット（$2^3 = 8$ 段階）で量子化して得られたディジタル信号

量子化では，連続値をもつアナログ信号の振幅を有限個の値で表現するため，必ず誤差が発生する。この誤差を**量子化誤差**（quantization error）と呼ぶ。量子化を L ビット，つまり 2^L 段階で実行する場合，**ビット数**（number of bits）L を大きくすることで，量子化誤差を低減することができる。

ディジタル信号として音を格納している一般の音楽 CD では，16 ビット（$2^{16} = 65\,536$ 段階）で量子化が行われている。また，近年のハイレゾ音源では，24 ビット（$2^{24} = 16\,777\,216$ 段階）で量子化が行われている。よって，ハイレゾ音源のほうが量子化誤差を小さくできる。ただし，本書では，十分な精度で量子化が実行されていると仮定し，以降の議論では量子化誤差については考慮しないことにする。

アナログ信号をサンプリングする場合，その時間間隔を**サンプリング周期**（sampling period, sampling time, 単位は〔秒〕もしくは〔s〕）と呼び，その逆数を**サンプリング周波数**（sampling frequency, sampling rate, 単位は〔Hz〕）と呼ぶ。観測されたアナログ信号を，振幅方向，時間方向に離散化した，個々のディジタル信号を**サンプル**（sample），あるいは**標本値**と呼ぶ。

サンプリング周波数が F_s〔Hz〕のとき，離散化の対象となるアナログ信号の

最大周波数が $F_s/2$〔Hz〕未満ならば[†1]，ディジタル信号からもとのアナログ信号を復元できる。これは**サンプリング定理**（sampling theorem）として知られている。

図 1.2 に，サンプリング定理の概要を示す。ここで，アナログ信号が，複数の正弦波の和で構成され，その最大周波数が F_{max}〔Hz〕とする。サンプリング周波数 F_s が $2F_{max}$ よりも大きいならば，ディジタル信号からもとのアナログ信号を復元することができる。そうでなければ，もとのアナログ信号を復元することはできない。

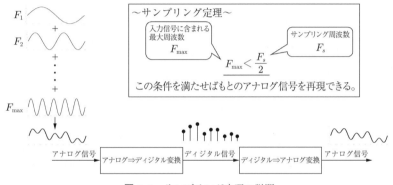

図 1.2 サンプリング定理の説明

音楽 CD では，サンプリング周波数が $44.1\,\mathrm{kHz}$ であり，$22.05\,\mathrm{kHz}$ 未満の音を記録することができる[†2]。ハイレゾ音源では，$96\,\mathrm{kHz}$ など，さらに高いサンプリング周波数が採用されている。

アナログ信号の周波数 F〔Hz〕とサンプリング周波数 F_s〔Hz〕の比，$f = F/F_s$ を**正規化周波数**（normalized frequency）と呼ぶ。アナログ信号の周波数 F〔Hz〕は，1 秒間に何個の周期波形があるかを表している。また，サンプリング周波数 F_s〔Hz〕は，1 秒間のサンプルの個数を表している。よって，正規化周波数 f は，1 サンプルの時間間隔（サンプリング周期 $T_s = 1/F_s$〔s〕）当りに何個の周期波形があるかを表している。ここで，サンプリング定理から $f < 0.5$ であ

[†1]　$F_s/2$〔Hz〕を**ナイキスト周波数**（Nyquist frequency）と呼ぶ。
[†2]　人間の可聴域は約 $20\,\mathrm{Hz}$ から $20\,\mathrm{kHz}$ とされている。

る。正規化周波数 f の単位は，もはや〔Hz〕でないことに注意しよう。

例題 1.1

周波数 F〔Hz〕のアナログ信号 $x(t) = \cos(2\pi F t)$ をサンプリング周期 T_s〔s〕でサンプリングする。得られるディジタル信号を正規化周波数 f で表せ。

【解答】 $t = nT_s$（n は整数）において，ディジタル信号が得られるので，$x(nT_s) = \cos(2\pi F T_s n)$ である。ここで，サンプリング周波数 $F_s = 1/T_s$〔Hz〕を用いると

$$x(nT_s) = \cos(2\pi F T_s n) = \cos\left(2\pi \frac{F}{F_s} n\right)$$

と書ける。正規化周波数を $f = F/F_s$ とし，$x(nT_s)$ を $x(n)$ と書くと

$$x(n) = \cos(2\pi f n)$$

となる。　　　　　　　　　　　　　　　　　　　　　　　　　　　　■

信号処理では，例題 1.1 のように，$x(nT_s)$ を $x(n)$ として，T_s を省略した形で書き，整数 n を**時刻インデクス**（time index），または単に**時刻**と呼ぶ。正規化周波数 f と現実の周波数 F〔Hz〕は，$F = F_s f$ の関係がある。よって，音のディジタル信号を扱う場合には，つねに F_s（あるいは $T_s = 1/F_s$）を意識しておく必要がある。さらに，$\omega = 2\pi f$ とすると，$x(n) = \cos(\omega n)$ と書ける。ここで，ω は**正規化角周波数**（normalized angular frequency）と呼ばれる。ただし，混乱が生じない限り，f, ω を，それぞれ単に周波数，角周波数と呼ぶことがある。

例題 1.2

音を再生する場合，1 秒間に必要となるビットの数を**ビットレート**（bit rate）と呼ぶ（単位は bps（bits per second））。音楽 CD では，44.1 kHz のサンプリング周波数と 16 ビットの量子化が採用されている。音楽 CD には，左右 2 チャネルの**ステレオ音源**（stereophonic sound）が格納され

ていることに注意して，ビットレートを求めよ。

【解答】 44.1 kHz × 16 ビット × 2 チャネル = 1 411.2 kbps   ■

図 1.3 は，サンプリング周波数を音楽 CD と同じ 44.1 kHz に設定して録音
した，男声「こんばんは」の波形である。ここで，縦軸は振幅，横軸は時刻に
対応するサンプル番号である。$F_s = 44.1$〔kHz〕なので，1 秒間に 44 100 サン
プルが等間隔に並んでいる。また，隣接するサンプルの間隔，すなわちサンプ
リング周期は，$T_s = 1/F_s = 1/44\,100$〔s〕である。

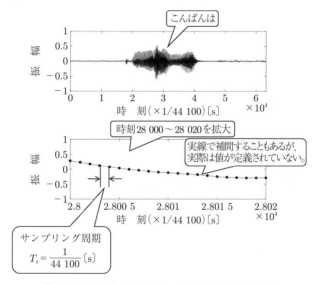

図 1.3 サンプリング周波数 44.1 kHz で録音した
男声「こんばんは」の波形

　図の上段は全体の波形，下段は 28 000 番目から 28 020 番目のサンプルを拡
大表示した波形である。我々が対象とするディジタル信号は，時間方向に離散
化されているため，各サンプルの間がどのような値であるかは定義されていな
い。しかし，視覚的に見やすくするため，図の下段のように，サンプル間を適
当な実線で補間してアナログ信号のように表現することもある。

　本書では，以降，ディジタル信号を単に信号と表現する。

1.1.2 確率信号の記述について

時刻 n における信号 $x(n)$ が，$x(n) = \sin(\omega n)$ のように，n を指定すれば，値が確定する信号を**確定信号**（deterministic signal）と呼ぶ。一方，$x(n)$ の値が，n を指定しても，確率的にしか決定できない信号を**確率信号**（stochastic signal）と呼ぶ。音声やノイズも数式で表現できないため，確率信号として扱う。確率信号を扱う際に便利な記述法として，**期待値**（expected value）がある。

確率信号を x とすると，その期待値を $E[x]$ と書く。期待値 $E[x]$ は，次式で定義される。

$$E[x] = \int_{-\infty}^{\infty} x p(x) dx \tag{1.1}$$

ここで，$E[x]$ は**平均**（mean）と呼ばれる。また，$p(x)$ は，**確率密度関数**（probability density function）と呼ばれ，値 x が生じる確率を与える関数であり，非負かつ 1 以下の値をとる。例えば，確率信号 x が，a から b までのいずれかの値をとる確率を，$P(a,\ b)$ とすると

$$P(a,\ b) = \int_{a}^{b} p(x) dx \tag{1.2}$$

と書ける。ここで，$0 \leq P(a,\ b) \leq 1$ である。

確率密度関数はつぎの性質をもつ。

$$\int_{-\infty}^{\infty} p(x) dx = 1 \tag{1.3}$$

確率信号 x の平均を $\mu = E[x]$ としたとき

$$\sigma_x^2 = E[(x-\mu)^2] = \int_{-\infty}^{\infty} (x-\mu)^2 p(x) dx \tag{1.4}$$

を x の**分散**（variance）と呼ぶ。

以降では，特に言及しない限り，信号の平均を 0 として議論する。この場合，$\sigma_x^2 = E[x^2]$ と書ける。

平均 0 の確率信号 x, y について

$$E[xy] = \int_{-\infty}^{\infty} \int_{-\infty}^{\infty} xy p(x,y) dx dy \tag{1.5}$$

である。ここで，$p(x, y)$ は，x と y が同時に生じる確率を与える関数であり，**同時確率密度関数**（joint probability density function）と呼ばれる。

　もし，$E[xy] = 0$ ならば，x と y は**無相関**（uncorrelated）と呼ばれる。また，同時確率密度関数が，$p(x, y) = p(x)p(y)$ のように書けるとき，x と y は**独立**（independent）と呼ばれる。独立のとき

$$
\begin{aligned}
E[xy] &= \int_{-\infty}^{\infty} \int_{-\infty}^{\infty} xy p(x, y) dx dy \\
&= \int_{-\infty}^{\infty} \int_{-\infty}^{\infty} x p(x) y p(y) dx dy \\
&= \int_{-\infty}^{\infty} x p(x) dx \int_{-\infty}^{\infty} y p(y) dy \\
&= E[x]E[y] = 0
\end{aligned}
\tag{1.6}
$$

となる。無相関も独立も，ともに結果が 0 となるが，独立の場合は，$p(x, y) = p(x)p(y)$ が要求される。

　つぎに，期待値を用いて，**白色雑音**（white noise）を定義しておく。信号 $x(n)$ が次式を満たすとき，$x(n)$ を白色雑音と呼ぶ。

$$
E[x(n)x(n+\tau)] = \begin{cases} \sigma_x^2, & \tau = 0 \\ 0, & \tau \neq 0 \end{cases}
\tag{1.7}
$$

ここで，τ は任意の整数であり，σ_x^2 は $x(n)$ の分散である。

　また，$R_{xx}(\tau) = E[x(n)x(n+\tau)]$ を**自己相関**（auto-correlation）と呼ぶ。白色雑音は $\tau \neq 0$ の自己相関が 0 となる信号である。

1.1.3　ディジタルフィルタ

　つぎに，信号処理の基本となる，**ディジタルフィルタ**（digital filter）について説明する。ディジタルフィルタは，入力された信号に何らかの加工を施して，所望の信号を出力することを目的として設計される。例えば，**図 1.4** に示すように，雑音に埋もれた音声を抽出することや，複数の音声から一人の音声を抽出することが挙げられる。

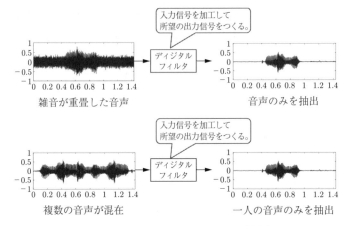

図 1.4　ディジタルフィルタの目的は入力信号を加工して
所望の出力信号を得ること

　最も簡単なディジタルフィルタの例として，入力信号をそのまま出力する，素
通しフィルタがある。時刻 n における入力信号を $x(n)$，出力信号を $y(n)$ とす
る。素通しフィルタの入出力関係は次式で表現できる。

$$y(n) = 1 \times x(n) = x(n) \tag{1.8}$$

ここで，わざわざ $1 \times x(n)$ と表記しているのは，1 倍する部分がディジタルフィ
ルタに対応することを強調するためである。同様に，$x(n)$ の絶対値をすべて半
分にするフィルタの入出力関係は

$$y(n) = 0.5 \times x(n) = 0.5x(n) \tag{1.9}$$

となる。また，どのような入力信号も遮断するフィルタの入出力関係は，次式
となる。

$$y(n) = 0 \times x(n) = 0 \tag{1.10}$$

これらをディジタルフィルタとして図にしたものを**図 1.5** に示す。
　このように，最も簡単なディジタルフィルタは，入力信号を何倍かして，出力す
るという役割を果たす。以降では，ディジタルフィルタを単に**フィルタ**（filter）
と表記する。

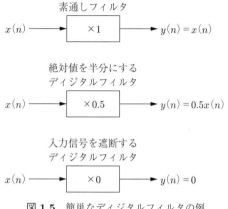

素通しフィルタ

$x(n) \longrightarrow \boxed{\times 1} \longrightarrow y(n) = x(n)$

絶対値を半分にする
ディジタルフィルタ

$x(n) \longrightarrow \boxed{\times 0.5} \longrightarrow y(n) = 0.5 x(n)$

入力信号を遮断する
ディジタルフィルタ

$x(n) \longrightarrow \boxed{\times 0} \longrightarrow y(n) = 0$

図 **1.5** 簡単なディジタルフィルタの例

1.1.4 フィルタの構成要素

多くのフィルタは，**乗算器**（multiplier），**遅延器**（delay），**加算器**（adder）
の三つの演算子によって表現できる。それぞれのシンボルと役割を**図 1.6** に示
す。これらの演算子も個々のフィルタとみなすことができる。

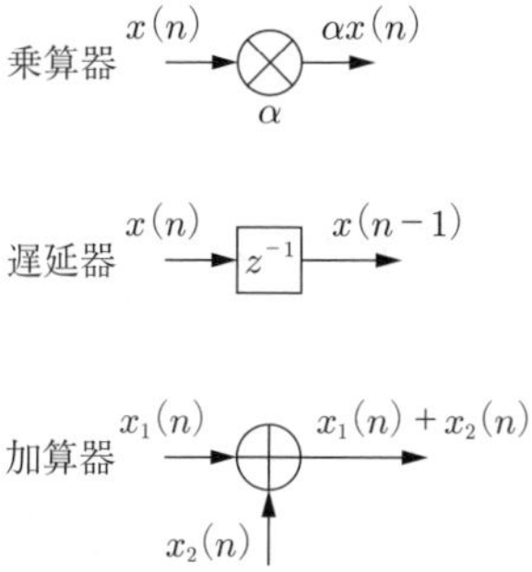

乗算器 $\quad x(n) \longrightarrow \bigotimes \longrightarrow \alpha x(n)$ $\quad \alpha$

遅延器 $\quad x(n) \longrightarrow \boxed{z^{-1}} \longrightarrow x(n-1)$

加算器 $\quad x_1(n) \longrightarrow \bigoplus \longrightarrow x_1(n) + x_2(n)$ $\quad x_2(n)$

図 **1.6** 乗算器，遅延器，加算器が
フィルタを構成する基本演算子で
ある

乗算器は，入力信号を α 倍（α は実数）する。つまり，音のボリュームを上
げる，下げるといった操作に対応する。このときの入出力関係は

$$y(n) = \alpha x(n) \tag{1.11}$$

と書ける。ここで，$\alpha = 1$ とすると，式 (1.8) の素通しフィルタに一致し，$\alpha = 0$
とすると，式 (1.10) の入力信号を遮断するフィルタとなる。

遅延器は，入力信号を 1 時刻遅延させる。ここで，1 時刻は，サンプリング周期 T_s〔s〕に相当する。遅延器を用いると，マイクロホンから入力された音を，指定時間だけ遅れて出力させることができる。つまり遅延器は，サンプルを記憶しておくメモリにより実現される。1 時刻の遅延に対する入出力関係は

$$y(n) = x(n-1) \tag{1.12}$$

と書ける。図 1.6 では，1 時刻の遅延器を z^{-1} で表している。また，D 時刻の遅延器は，z^{-D} で表現する†。

加算器は，複数の入力信号を加算する。複数のマイクで取り込んだ歌声などを，一つのスピーカから，まとめて出力する操作に対応する。二つの信号 $x_1(n)$ と $x_2(n)$ を加算するとき，その入出力関係は次式のように書ける。

$$y(n) = x_1(n) + x_2(n) \tag{1.13}$$

乗算器，遅延器，加算器の組合せにより，フィルタの入出力関係を表すことができる。

例題 1.3

図 1.7 のブロック図で示されるフィルタの入出力関係を示せ。

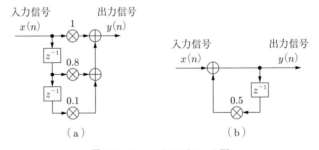

図 **1.7**　フィルタのブロック図

---

†　$x(n)$ の **z 変換**（z-transform）を $X(z)$ とすると，$x(n-D)$ の z 変換は $z^{-D}X(z)$ となる。z 変換については，1.4.1 項で説明する。

【解答】

(1)　$y(n) = x(n) + 0.8x(n-1) + 0.1x(n-2)$

(2)　$y(n) = x(n) + 0.5y(n-1)$　　　　　　　　　　　　　　　　■

1.1.5　FIR フィルタと IIR フィルタ

乗算器，遅延器，加算器を組み合わせてつくられるフィルタの基本構成として，**FIR フィルタ**（finite impulse response filter）と **IIR フィルタ**（infinite impulse response filter）がある。

FIR フィルタの構成を**図 1.8**(a) に示す。FIR フィルタでは，現在の入力信号 $x(n)$ と，その遅延信号に対して，それぞれ重みが付与される。そして，それらの和として，現在の出力信号 $y(n)$ が決まる。それぞれの重み，すなわち，乗算器の値（h_0, h_1, h_2, $\cdots$, h_M）を，特に**フィルタ係数**（filter coefficient）と呼ぶ。また，M を**次数**（order）と呼ぶ[†]。次数 M の FIR フィルタの入出力関係は以下のように表現できる。

$$y(n) = \sum_{m=0}^{M} h_m x(n-m) \tag{1.14}$$

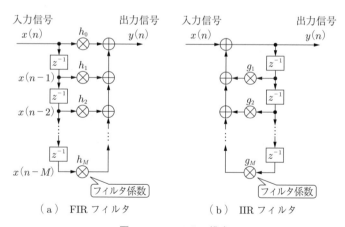

（a）　FIR フィルタ　　　　　（b）　IIR フィルタ

図 1.8　フィルタの構成

[†]　本書では，フィルタ係数の個数に注目して，h_0, $\cdots$, h_{M-1} を次数 M とする章もあるが，本章では，h_0, $\cdots$, h_M を次数 M と呼ぶ。

ここで，m が負の値をとると，現在の出力信号 $y(n)$ をつくるために，未来の入力信号 $x(n+1)$ などが必要になるため，$m \geq 0$ としている[†1]。

例題 1.4

　未来の入力信号を使わずに，3 点平均フィルタ

$$y(n) = \frac{1}{3}x(n+1) + \frac{1}{3}x(n) + \frac{1}{3}x(n-1)$$

を実現するにはどうすればよいか。

【解答】 出力信号を 1 時刻だけ遅延させて

$$\hat{y}(n) = y(n-1) = \frac{1}{3}x(n) + \frac{1}{3}x(n-1) + \frac{1}{3}x(n-2)$$

とすれば，未来の入力信号を使わずに 3 点平均フィルタが得られる。　■

　図 1.8(b) は IIR フィルタであり，$g_1, g_2, \cdots, g_M$ はフィルタ係数である。IIR フィルタは，出力が遅延して入力に加算される，**フィードバック型**（feedback）の構成となっており，**再帰型フィルタ**（recursive filter）とも呼ばれる。次数 M の IIR フィルタの入出力関係は以下のように表現できる。

$$y(n) = x(n) + \sum_{m=1}^{M} g_m y(n-m) \tag{1.15}$$

ここで，フィルタ係数に g_0 が存在せず，$g_1, g_2, \cdots, g_m$ となっていることに注意しよう。

　FIR フィルタ，IIR フィルタにおいて，フィルタ係数が時間とともに変化しない場合は，特に**線形時不変フィルタ**（linear time-invariant filter）と呼ばれる。線形時不変フィルタは，入力信号を構成する各正弦波の振幅と位相のみを変化させることができる[†2]。

[†1] 現在の出力が，現在および過去の入力によって決まる性質を**因果性**（causality）と呼ぶ。
[†2] 任意の入力信号は正弦波の和として表現できる。

例題 1.5

2 点平均フィルタ $y(n) = \dfrac{1}{2}x(n) + \dfrac{1}{2}x(n-1)$ を考える。$x(n) = A\sin(\omega n + \theta)$ のとき，$y(n)$ の振幅，**初期位相**（initial phase，$n = 0$ のときの位相），正規化角周波数を求めよ。ただし，A, θ, ω は定数とする。

【解答】

$$
\begin{aligned}
y(n) &= \frac{A}{2}\sin(\omega n + \theta) + \frac{A}{2}\sin(\omega n + \theta - \omega) \\
     &= A\cos(\omega/2)\sin(\omega n + \theta - \omega/2)
\end{aligned}
$$

より，振幅 $A\cos(\omega/2)$，初期位相 $\theta - \omega/2$，正規化角周波数 ω となる。入力と出力で ω は変化しない。 ∎

1.1.6 FIR フィルタのインパルス応答

フィルタに，**インパルス信号**（impulse signal）

$$
\delta(n) = \begin{cases} 1, & n = 0 \\ 0, & n \neq 0 \end{cases} \tag{1.16}
$$

を入力したときの出力信号を，**インパルス応答**（impulse response）と呼ぶ。

FIR フィルタのインパルス応答は，$x(n) = \delta(n)$ を式 (1.14) に代入することで得られる。その結果は，$y(0) = h_0,\ y(1) = h_1,\ \cdots,\ y(M-1) = h_{M-1}$，$y(M) = h_M, y(M+1) = 0, \cdots$ となり，フィルタ係数が順番に現れて，$M+1$ 以降は 0 になる。この様子を**図 1.9** に示す。FIR フィルタでは，必ずインパルス応答が有限個で終了する。これが，finite impulse response（有限インパルス応答）フィルタと呼ばれる理由である。

インパルス応答を**フーリエ変換**（Fourier transform）[†]すると，そのフィルタの**周波数特性**（frequency characteristics, frequency response）が得られることが知られている。周波数特性は，正規化角周波数 ω ごとに，複素数で与えら

[†] フーリエ変換については，1.4 節で述べる。

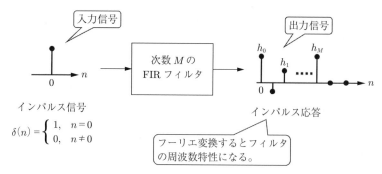

図 1.9 次数 M の FIR フィルタのインパルス応答（フィルタ係数が順番に現れ，最後のフィルタ係数以降では 0 になる）

れる。ω の関数なので，$H(\omega)$ のように表現できる。$H(\omega)$ は複素数なので，周波数特性は

$$H(\omega) = |H(\omega)|e^{j\angle H(\omega)} \tag{1.17}$$

のように**極座標表示**（polar coordinate representation）できる。ここで，$j = \sqrt{-1}$ であり，$|\cdot|$ は**絶対値**（absolute value），$\angle\cdot$ は**偏角**（argument of complex）を表す。

また，$|H(\omega)|$ を**周波数振幅特性**（amplitude frequency characteristics），$\angle H(\omega)$ を**周波数位相特性**（phase frequency characteristics, angular frequency characteristics）と呼ぶ。両者は，単に，**振幅特性**（amplitude characteristics），**位相特性**（phase characteristics）と呼ばれることもある。周波数特性 $H(\omega)$ をもつフィルタの $\sin(\omega n)$ に対する出力は

$$|H(\omega)| \sin(\omega n + \angle H(\omega)) \tag{1.18}$$

となる。

フィルタの周波数特性がわかれば，任意の周波数からなる信号を入力したときの出力を，すべて知ることができる。このため，インパルス応答は，きわめて重要な信号列である。

1.2 FIR フィルタの設計

本節では，**直線位相**（linear phase，あるいは**線形位相**）と呼ばれる性質を有する，基本的な FIR フィルタの設計法について説明する。ここでは，**低域通過フィルタ**（low pass filter, LPF），**高域通過フィルタ**（high pass filter, HPF），**帯域通過フィルタ**（band pass filter, BPF）を設計する。これらのフィルタは，特定の高さの音を通過させ，それ以外の音を遮断するという役割をもつ。

1.2.1 直線位相 FIR フィルタの設計

FIR フィルタを用いると，LPF，HPF，BPF を簡単に設計できる。いくつかの設計法が存在するが，ここでは，**窓関数法**（window function method）を説明する。各フィルタは，以下の条件のもとで設計する。

- フィルタ係数 $(h_0, h_1, \cdots, h_M)$ の数 $M+1$ が奇数（次数 M は偶数）。
- フィルタ係数の値が $h_{M/2}$ を中心に偶対称。

2番目の条件は，設計したフィルタが直線位相をもつための条件である。直線位相は，入力信号に含まれる正規化角周波数 ω の正弦波 $\sin(\omega n)$ に対し，$-B\omega$ の位相を付加し，$\sin(\omega n - B\omega)$ とする働きをもつ。ここで，B は定数である。

例題 1.6

つぎの信号に直線位相 -2ω が付加されたときの結果を示せ。ここで，ω は正規化角周波数である。

(1) $x_1(n) = 2\cos(0.1n)$

(2) $x_2(n) = 3\sin(0.3n + 0.2\pi)$

【解答】

(1) $2\cos(0.1n - 2(0.1)) = 2\cos(0.1(n-2)) = x_1(n-2)$

(2) $3\sin(0.3n + 0.2\pi - 2(0.3)) = 3\sin(0.3(n-2) + 0.2\pi) = x_2(n-2)$ ∎

入力信号が複数の正弦波の和として[†1]

$$x(n) = \sum_{k=0}^{K} A_k \cos(\omega_k n + \theta_k) \tag{1.19}$$

で表されるとする。ここで，ω_k は k 番目の角周波数であり，A_k, θ_k は，その振幅と初期位相である。直線位相をもつ FIR フィルタが，入力信号の振幅を変化させずに，位相を $-B\omega_k$ だけ変化させるとすると（B は定数）

$$
\begin{aligned}
y(n) &= \sum_{k=0}^{K} \cos(\omega_k n + \theta_k - B\omega_k) \\
&= \sum_{k=0}^{K} \cos(\omega_k(n - B) + \theta_k) \\
&= x(n - B)
\end{aligned} \tag{1.20}
$$

となり，入力信号の波形が B サンプルだけ遅延してそのまま出力される。直線位相でない場合は，周波数ごとの位相関係がくずれ，波形が保存されない。

以降では，直線位相 FIR フィルタの各種設計法について述べる。

1.2.2 低域通過フィルタ（LPF）の設計

低域通過フィルタ（low pass filter, LPF）を設計しよう。窓関数法による LPF の設計手順は以下のようになる。

1. LPF の高域側の**遮断周波数**（cut-off frequency）F_H〔Hz〕を決める。

2. **正規化遮断周波数**（normalized cut-off frequency）$f_H = F_H/F_s$ を求める。ここで，F_s〔Hz〕はサンプリング周波数である。

3. LPF の次数を M として，次式で $\hat{h}_0$, $\hat{h}_1$, $\cdots$, $\hat{h}_M$ を求める[†2]。

$$
\hat{h}_{k+M/2} = \begin{cases} 2f_H, & k = 0 \\ 2f_H \dfrac{\sin(2\pi f_H k)}{2\pi f_H k}, & k \neq 0 \end{cases} \tag{1.21}
$$

ここで $k = -M/2, -M/2+1, \cdots, 0, \cdots, M/2-1, M/2$ である。

[†1] $\cos(\omega n) = \sin(\omega n + \pi/2)$ より，本書では sin, cos を区別せず，正弦波と表現する。
[†2] 式 (1.21) は，直流（0 Hz）から遮断周波数までの振幅特性が 1，遮断周波数以上の振幅特性が 0 となる理想的な LPF の振幅特性を逆フーリエ変換すると得られる。

4. **窓関数**（window function）を $\hat{h}_0,\ \hat{h}_1,\ \cdots,\ \hat{h}_M$ に乗じて LPF のフィルタ係数 h_m を得る。

$$h_m = w_m \hat{h}_m, \quad m = 0,\ 1,\ \cdots,\ M \qquad (1.22)$$

ここで，w_m は窓関数である。窓関数 w_m は，$0 \leq m \leq M$ で値をもち，その他は 0 となる関数である。

窓関数には，**ハミング窓**（Hamming window），**ハニング窓**もしくは**ハン窓**（Hanning window, Hann window），**ブラックマン窓**（Blackman window）などが利用できる。例えば，ハン窓を用いる場合，以下を w_m とする。

$$w_m = 0.5 - 0.5 \cos\left(\frac{2\pi m}{M}\right), \quad m = 0,\ 1,\ \cdots,\ M \qquad (1.23)$$

例として，遮断周波数 $F_H = 2$〔kHz〕の LPF を設計する。サンプリング周波数を $F_s = 20$〔kHz〕とすると，$f_H = F_H/F_s = 0.1$ となる。LPF の次数 M を 100 として，式 (1.21) より，$\hat{h}_0,\ \hat{h}_1,\ \cdots,\ \hat{h}_{100}$ を計算する。そして，ハン窓を用いて式 (1.22) により $h_m, m = 0,\ \cdots,\ 100$ を計算する。得られたフィルタ係数を，**図 1.10** に示す。ここで，フィルタ係数は，h_{50} を中心に偶対称となっている。

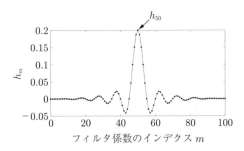

図 1.10　直線位相をもつフィルタ係数の例
（フィルタ次数 $M = 100$）

設計した LPF の振幅特性および位相特性を**図 1.11** に示す。ここで，横軸は正規化周波数である。ただし，$F_s = 20$〔kHz〕なので，サンプリング定理により，処理可能な実際の周波数は $0.5 \times F_s = 10\,\mathrm{kHz}$ 未満である。正規化周波数

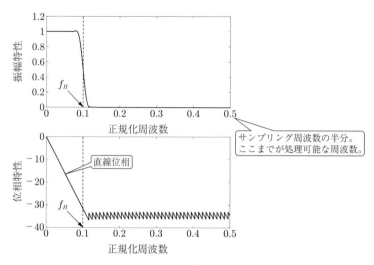

図 1.11 フィルタ次数 100 で設計した LPF の振幅特性
（正規化周波数 0.1 を遮断周波数に設定）

で示せば，10 kHz/20 kHz = 0.5 未満である。

図の振幅特性より，なだらかな変化はあるものの，$f_H = 0.1$ 付近までが LPF の通過帯域であることがわかる。ここで，$0.1 \times F_s = 2$ kHz となり，設計どおりである†。また，位相特性より，LPF の通過帯域において，直線位相が実現できていることが確認できる。

設計した LPF に 1 kHz と 3 kHz の正弦波を入力し，出力を観測した。結果を**図 1.12** に示す。ここで，上段が 1 kHz の正弦波の入力信号および出力信号の波形である。また，下段が 3 kHz の正弦波の入力信号および出力信号の波形である。図より，1 kHz の正弦波はそのまま通過するが，3 kHz の正弦波は通過できないことがわかる。ただし，フィルタ出力が安定するまでには，$M/2 = 50$ サンプルの遅延が生じる。また，式 (1.14) で正しくフィルタ出力が得られるのは，$n \geq M$ のときである。

---

† 実際の遮断周波数は，通過域平坦部の −3 dB（約 0.707 倍）となる周波数なので，2 kHz よりも低くなる。この例では，**遷移域**（transition zone，通過域から遮断域に徐々に変化する状態の周波数帯域）を考慮せず，ラフに設計した。

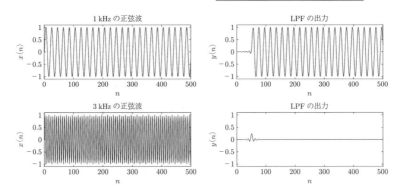

図 **1.12**　1 kHz と 3 kHz の正弦波を設計した LPF に入力した結果

1.2.3　高域通過フィルタ（**HPF**）の設計

つぎに，高域通過フィルタ（high pass filter, HPF）の設計手順について述べる。

1.　HPF の低域側の遮断周波数 F_L〔Hz〕を決める。

2.　正規化遮断周波数 $f_L = F_L/F_s$ を求める。

3.　HPF の次数を M として，次式で $\hat{h}_0$, $\hat{h}_1$, $\cdots$, $\hat{h}_M$ を求める。

$$
\hat{h}_{k+M/2} = \begin{cases} 1 - 2f_L, & k = 0 \\ \dfrac{\sin(\pi k)}{\pi k} - 2f_L\dfrac{\sin(2\pi f_L k)}{2\pi f_L k}, & k \neq 0 \end{cases} \tag{1.24}
$$

ここで $k = -M/2,\ -M/2+1,\ \cdots,\ 0,\ \cdots,\ M/2-1,\ M/2$ である。

4.　窓関数 w_m を $\hat{h}_0$, $\hat{h}_1$, $\cdots$, $\hat{h}_M$ に乗じて HPF のフィルタ係数 h_m を得る。

$$
h_m = w_m\hat{h}_m, \quad m = 0,\ 1,\ \cdots,\ M \tag{1.25}
$$

HPF についても，遮断周波数を 2 kHz として設計してみる。$F_s = 20$〔kHz〕とすると，$f_L = F_L/F_s = 0.1$ となる。HPF の次数を $M = 100$ とし，ハン窓を用いて式 (1.25) を計算する。結果として得られた h_m, $m = 0,\ \cdots,\ 100$ を，**図 1.13** に示す。

また，設計した HPF の周波数振幅特性と位相特性を**図 1.14** に示す。ここ

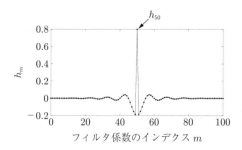

図 1.13 フィルタ次数 100 で設計した
HPF のフィルタ係数

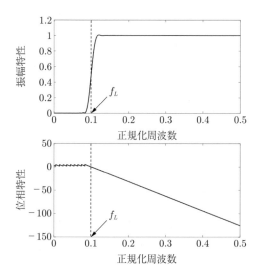

図 1.14 フィルタ次数 100 で設計した HPF の周波数
振幅特性（正規化周波数 0.1 を遮断周波数に設定）

で，横軸は正規化周波数である。図の振幅特性より，正規化周波数において 0.1，
実際の周波数で $0.1 \times F_s = 2\,\mathrm{kHz}$ より高い周波数が，設計した HPF のおおよ
その通過帯域であることがわかる。また，位相特性より，HPF の通過帯域にお
いて，直線位相が実現できていることが確認できる。

設計した HPF に $1\,\mathrm{kHz}$ と $3\,\mathrm{kHz}$ の正弦波を入力し，出力を観測した。結果
を**図 1.15** に示す。ここで，上段が $1\,\mathrm{kHz}$ の正弦波の入力信号および出力信号
の波形である。また，下段が $3\,\mathrm{kHz}$ の正弦波の入力信号および出力信号の波

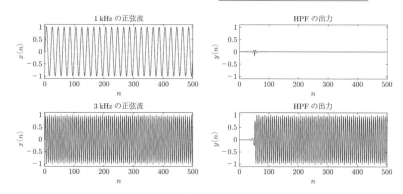

図 1.15 1 kHz と 3 kHz の正弦波を設計した HPF に入力した結果

形である。図より，1 kHz の正弦波はカットされ，3 kHz の正弦波はそのまま通過することがわかる。ただし，フィルタ出力 $y(n)$ が正しく計算されるのは，$n \geq M = 100$ のときである。

1.2.4 帯域通過フィルタ（BPF）の設計

FIR フィルタ設計の最後に，帯域通過フィルタ（band pass filter, BPF）の設計手順を述べる。

1. BPF の低域側の遮断周波数 F_L〔Hz〕と高域側の遮断周波数 F_H〔Hz〕を決める。

2. 正規化遮断周波数 $f_L = F_L/F_s$, $f_H = F_H/F_s$ を求める。

3. BPF の次数を M として，次式で $\hat{h}_0, \hat{h}_1, \cdots, \hat{h}_M$ を求める。

$$\hat{h}_{k+M/2} = \begin{cases} 2(f_H - f_L), & k = 0 \\ 2f_H \dfrac{\sin{(2\pi f_H k)}}{2\pi f_H k} - 2f_L \dfrac{\sin{(2\pi f_L k)}}{2\pi f_L k}, & k \neq 0 \end{cases} \quad (1.26)$$

ここで $k = -M/2,\ -M/2+1,\ \cdots,\ 0,\ \cdots,\ M/2-1,\ M/2$ である。

4. 窓関数 w_m を $\hat{h}_0, \hat{h}_1, \cdots, \hat{h}_M$ に乗じて BPF のフィルタ係数 h_m を得る。

$$\hat{h}_m = w_m \hat{h}_m, \quad m = 0, 1, \cdots, M \quad (1.27)$$

例として，通過帯域が 2 kHz から 6 kHz である BPF を設計してみよう。サンプリング周波数を $F_s = 20$〔kHz〕とすると，$F_L = 2$〔kHz〕，$F_H = 6$〔kHz〕だから，$f_L = F_L/F_s = 0.1$，$f_H = F_H/F_s = 0.3$ となる。BPF の次数を $M = 100$ とし，ハン窓を用いて式 (1.27) を計算する。結果として得られた h_m，$m = 0, \cdots , 100$ を，**図 1.16** に示す。

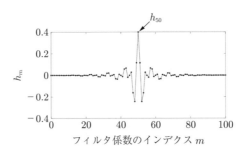

図 1.16　フィルタ次数 100 で設計した
BPF のフィルタ係数

設計した BPF の周波数振幅特性と位相特性を**図 1.17** に示す。ここで，横軸は正規化周波数である。図の振幅特性より，正規化周波数において 0.1 から 0.3 が，おおよその通過帯域となっていることがわかる。実際の周波数では，それぞれ $F_s = 20$〔kHz〕を乗じて，2 kHz から 6 kHz が BPF の通過帯域となる。また，位相特性より，BPF の通過帯域において，直線位相が実現できていることが確認できる。

設計した BPF に 1 kHz，3 kHz，8 kHz の正弦波を入力し，出力を観測した。結果を**図 1.18** に示す。ここで，上段から順に，1 kHz の正弦波の入出力波形，3 kHz の正弦波の入出力波形，8 kHz の正弦波の入出力波形である。図より，1 kHz，8 kHz の正弦波はカットされ，3 kHz の正弦波はそのまま通過することがわかる。LPF，HPF と同様に，フィルタ出力には $M/2 = 50$ サンプルの遅延が生じており，さらにフィルタ出力が正しく計算されるのは，$n \geq M = 100$ のときである。

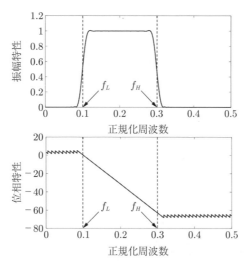

図 **1.17** フィルタ次数 100 で設計した BPF の周波数振幅特性（正規化周波数 0.1 から 0.3 を通過帯域に設定）

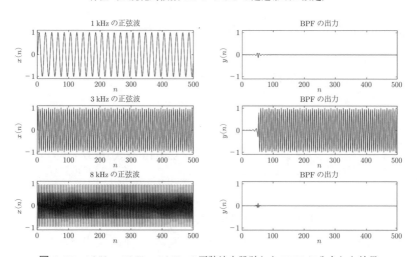

図 **1.18** 1 kHz, 3 kHz, 8 kHz の正弦波を設計した BPF に入力した結果

1.3　ノッチフィルタの設計

IIR フィルタを利用すると，**オールパスフィルタ**（all pass filter）が設計で

きる。さらにオールパスフィルタを利用すると，**ノッチフィルタ**（notch filter）が設計できる。ノッチフィルタは，特定の周波数の音をピンポイントで遮断できるフィルタであり，急峻な周波数特性を実現できる。ノッチフィルタは，電源ノイズなど，特定の周波数をもつノイズの除去に有用である。

1.3.1　IIR フィルタのインパルス応答

IIR フィルタのインパルス応答は，発散する場合があるので，フィルタ設計は慎重に行う必要がある。

例として，1 次 IIR フィルタの構成と，そのインパルス応答を**図 1.19** に示す。図からわかるように，時刻 n のインパルス応答は，g^n で表現でき，無限に続くことがわかる。これが infinite impulse response（無限インパルス応答）と呼ばれる理由である。図の構成において，$|g| < 1$ の場合はインパルス応答が 0 に収束し，$|g| > 1$ の場合はインパルス応答が発散する。$|g| > 1$ のシステムは**安定**（stability）ではなく，出力が爆発的に増大する。

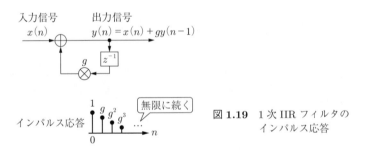

図 1.19　1 次 IIR フィルタのインパルス応答

IIR フィルタは，FIR フィルタに比べて安定性の面で扱いにくい部分がある。しかし，FIR フィルタよりも少ない次数で，急峻な特性を実現できるという利点もある。

1.3.2　IIR フィルタと FIR フィルタの接続

一般的には，FIR フィルタと IIR フィルタを接続した，**図 1.20** のような構成が考えられる。このときの入出力関係は次式のように書ける。

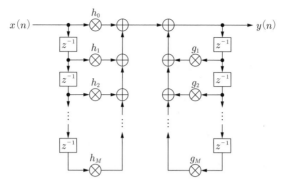

図 **1.20**　FIR フィルタと IIR フィルタの縦続接続による
フィルタの構成

$$y(n) = \sum_{m=0}^{M} h_m x(n-m) + \sum_{k=1}^{M} g_k y(n-k) \qquad (1.28)$$

また，フィルタ係数がすべて定数で固定されているならば，FIR フィルタと
IIR フィルタの順番を入れ替えても出力は変化しない。よって，**図 1.21** のよう
に構成してもよい。この場合，遅延器が少なくてすみ，メモリの節約ができる。

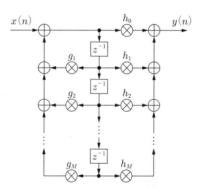

図 **1.21**　一般的なフィルタ（IIR フィル
タの後に FIR フィルタを縦続接続する
構成）

1.3.3　オールパスフィルタ

2 次オールパスフィルタの構成を**図 1.22** に示す。ここで，$x(n)$ と $y(n)$ は，

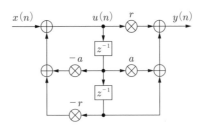

図 1.22 2 次オールパスフィルタの構成

それぞれフィルタの入力信号と出力信号, $u(n)$ はフィルタ内部の信号（**内部信号**（internal signal）と呼ぶことにする）である。また, a, r は定数である。

オールパスフィルタの入出力関係は, 以下となる。

$$y(n) = ru(n) + au(n-1) + u(n-2) \tag{1.29}$$

$$u(n) = x(n) - au(n-1) - ru(n-2) \tag{1.30}$$

図のオールパスフィルタの周波数特性は, 次式で与えられる[†]。

$$H_A(\omega) = \frac{r + ae^{-j\omega} + e^{-j2\omega}}{1 + ae^{-j\omega} + re^{-j2\omega}} \tag{1.31}$$

振幅特性 $|H_A(\omega)|$ と位相特性 $\angle H_A(\omega)$ を**図 1.23** に示す。ここで, $a = 0$, $r = 0.95$ とした。図からわかるように, オールパスフィルタの振幅特性は, いずれの周波数においても 1 となる。よって, 入力されるすべての周波数の振幅をそのまま出力する。これがオールパスフィルタと呼ばれる理由である。

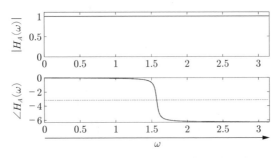

図 1.23 オールパスフィルタの振幅特性と位相特性

[†] 周波数特性の導出は 1.4 節を参照。

計算でも確認しておこう。式 (1.31) より

$$
\begin{aligned}
|H_A(\omega)|^2 &= H_A(\omega)\left\{H_A(\omega)\right\}^* \\
&= \frac{r + ae^{-j\omega} + e^{-j2\omega}}{1 + ae^{-j\omega} + re^{-j2\omega}} \times \frac{r + ae^{j\omega} + e^{j2\omega}}{1 + ae^{j\omega} + re^{j2\omega}} \\
&= \frac{re^{j2\omega} + ae^{j\omega} + 1}{e^{j2\omega} + ae^{j\omega} + r} \times \frac{r + ae^{j\omega} + e^{j2\omega}}{1 + ae^{j\omega} + re^{j2\omega}} = 1
\end{aligned} \tag{1.32}
$$

となる。ここで，* は**共役複素数** (complex conjugate) を表す†。また，2 行目から 3 行目の変形では，第 1 項の分母分子に $e^{j2\omega}$ を乗じた。式 (1.32) の結果から，ω によらず，$|H_A(\omega)| = 1$ であることがわかる。

一方，図 1.23 に示すように，オールパスフィルタは，入力信号の位相を変更することができる。ここで，特定の周波数の位相がちょうど π だけ変化する。つまり，位相が反転して，逆位相となる。

位相が反転する周波数を ω_N とすると

$$
a = -(1 + r)\cos(\omega_N) \tag{1.33}
$$

の関係がある。よって，$a = 0$ のときは，$\omega_N = \pi/2 \approx 1.57$ のときに，$\angle H_A(\omega) = \pi$ となり，位相が反転する（図 1.23）。また，$r, 0 < r < 1$ は位相特性の変化の急峻さを決定する。r が 1 に近いほど位相特性の変化が急峻となり，0 に近いほど緩やかとなる。

例題 1.7

図 1.23 の特性（$a = 0, r = 0.95$）をもつオールパスフィルタにおいて，サンプリング周波数を $F_s = 16$〔kHz〕とする。何 Hz の周波数の位相が反転するか。

【解答】 反転する周波数を F_N〔Hz〕とする。$\omega_N = 2\pi F_N/F_s = \pi/2$ より，$F_N = F_s/4 = 4$〔kHz〕となる。**図 1.24** に，1 kHz と 4 kHz の正弦波に対する，オールパスフィルタの入出力波形を示す。図から，1 kHz の正弦波は同位相，

---

† 例えば，$(a + jb)^* = a - jb$, $\left(e^{j\omega}\right)^* = e^{-j\omega}$ となる。

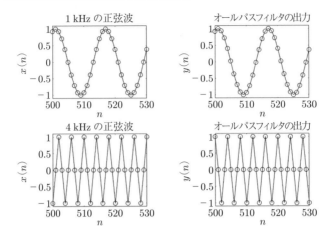

図1.24 オールパスフィルタの出力結果

4 kHz の正弦波は逆位相で出力されていることが確認できる。　　■

1.3.4 ノッチフィルタ

オールパスフィルタを利用すると，特定の周波数を遮断するノッチフィルタが作成できる。ノッチフィルタの構成を**図1.25**に示す。ここで，$x(n)$, $u(n)$, $y(n)$ は，それぞれ入力信号，内部信号，出力信号であり，a, r は定数である。

図において，下側の経路がオールパスフィルタとなっており，特定の周波数の位相が反転する。オールパスフィルタの出力を入力信号と加算すれば，位相

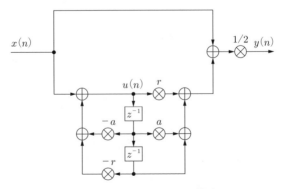

図1.25 ノッチフィルタの構成

が反転した周波数 ω_N の正弦波が相殺され，除去される。その他の周波数は，同位相のため，2 倍になる。よって，最後に 1/2 倍すると，周波数 ω_N だけが消失した出力が得られる。

ノッチフィルタの入出力関係は以下となる。

$$y(n) = \frac{1}{2}\{x(n) + ru(n) + au(n-1) + u(n-2)\} \tag{1.34}$$

$$u(n) = x(n) - au(n-1) - ru(n-2) \tag{1.35}$$

また，ノッチフィルタの周波数特性は，次式で与えられる[†1]。

$$H_N(\omega) = \frac{1}{2}\left(1 + \frac{r + ae^{-j\omega} + e^{-j2\omega}}{1 + ae^{-j\omega} + re^{-j2\omega}}\right) \tag{1.36}$$

図 1.26 にノッチフィルタの振幅特性 $|H_N(\omega)|$ と位相特性 $\angle H_N(\omega)$ を示す。ここで，$a = 0, r = 0.95$ とした。図の振幅特性を見ると，特定の周波数（$a = -(1+r)\cos(\omega_N) = 0$ より $\omega_N = \pi/2$）で 0 となっており，ノッチ（V字型の刻み目）のような特性になっていることがわかる。

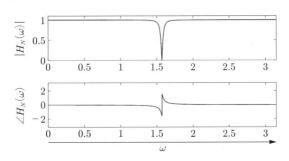

図 1.26　ノッチフィルタの振幅特性と位相特性

　一方，r を変更すると，オールパスフィルタの位相特性の急峻さを変更できる。これに伴い，ノッチフィルタの**除去帯域幅**（stop-band width）[†2]が変更される。**図 1.27** に，r を変更した場合のノッチフィルタの振幅特性を示す。図からわかるように，r が 1 に近いほど，除去帯域幅が狭いことがわかる。

[†1]　導出は 1.4 節を参照。
[†2]　周波数振幅特性において，通過帯域平坦部の $-3\,\mathrm{dB}$ 以下となる周波数帯域の幅。

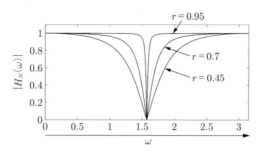

図 1.27　r によるノッチフィルタの振幅特性の変化

例題 1.8

つぎの入出力関係をもつノッチフィルタを考える。

$$y(n) = \frac{1}{2}\{x(n) + 0.9u(n) + au(n-1) + u(n-2)\}$$

$$u(n) = x(n) - au(n-1) - 0.9u(n-2)$$

ここで，$x(n)$ が入力信号，$y(n)$ が出力信号である。ノッチフィルタの除去周波数を $F_N = 2$ 〔kHz〕にしたいとき，フィルタ係数 a の値を求めよ。ただし，サンプリング周波数 $F_s = 16$ 〔kHz〕とする。

【解答】　$a = -(1+r)\cos(\omega_N)$ で与えられる。ここで，$r = 0.9$ で，$\omega_N = 2\pi \times 2\,\text{kHz}/16\,\text{kHz} = \pi/4$ だから，$a = -1.9\cos(\pi/4) = -1.9/\sqrt{2} \approx -1.3435$ となる。**図 1.28** に設計したノッチフィルタの振幅特性を示す。

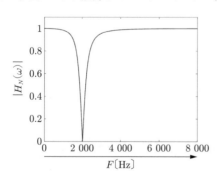

図 1.28　ノッチフィルタの振幅特性

例として，1 kHz と 2 kHz の正弦波に対する，ノッチフィルタの入出力波形を**図 1.29** に示す。設計どおり，1 kHz の正弦波は同位相で出力され，2 kHz の正弦波はカットされることが確認できる。

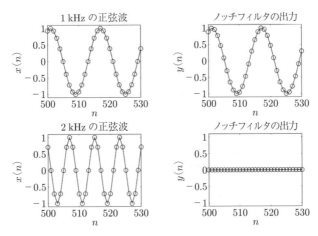

図 **1.29** ノッチフィルタの出力結果

■

1.4　離散フーリエ変換

　本節では，音声音響信号処理で，頻繁に利用される **z 変換** (z-transform)，**離散時間フーリエ変換** (discrete-time Fourier transform, DTFT)，**離散フーリエ変換** (discrete Fourier transform, DFT) について説明する。特に，離散時間フーリエ変換と，離散フーリエ変換は，混同されやすいので，両者を明確に定義しておく。

1.4.1　z　変　換

信号 $x(n)$ について，z 変換は次式で定義される。

$$X(z) = \sum_{n=-\infty}^{\infty} x(n)z^{-n} \tag{1.37}$$

ここで，z は複素数である。また，**逆 z 変換**（inverse z-transform）は次式で与えられる。

$$x(n) = \frac{1}{2\pi j} \oint_C X(z) z^{n-1} dz \tag{1.38}$$

ここで，$j = \sqrt{-1}$ であり，積分路 C は原点を含む**収束領域**（region of convergence）での反時計回りの円周路である。しかし逆 z 変換よりも，さまざまなフィルタとの対応で役に立つのは式 (1.37) の z 変換である。

例えば，$x(n-1)$ の z 変換を考えると

$$\sum_{n=-\infty}^{\infty} x(n-1) z^{-n} = \sum_{n=-\infty}^{\infty} x(n-1) z^{-(n-1)} z^{-1} \tag{1.39}$$

となる。ここで，$m = n - 1$ とおくと，n が $-\infty$ から ∞ まで動くとき，m も同様に $-\infty$ から ∞ まで動く。よって

$$\sum_{m=-\infty}^{\infty} x(m) z^{-m} z^{-1} = z^{-1} X(z) \tag{1.40}$$

となる。つまり，1 サンプルの遅延は，z 変換では z^{-1} の乗算で表現できる。これが遅延器を z^{-1} で表現している理由である。同様に，D サンプルの遅延 $x(n - D)$ を z 変換すると，$z^{-D} X(z)$ と書ける。

1.4.2　フィルタと z 変換の関係

図 1.30 の左側に示す FIR フィルタを考える。図からわかるように，フィルタの入出力関係は，$y(n) = \sum_{m=0}^{M} h_m x(n - m)$ で与えられる。両辺を z 変換すると

$$Y(z) = \sum_{m=0}^{M} h_m z^{-m} X(z) \tag{1.41}$$

となる。ここで，入力 $x(n)$，出力 $y(n)$ の z 変換を，それぞれ $X(z)$，$Y(z)$ で表している。この結果を図の右側に示す。図からわかるように，z 変換の結果は，ブロック図からでも容易に読みとることができる。

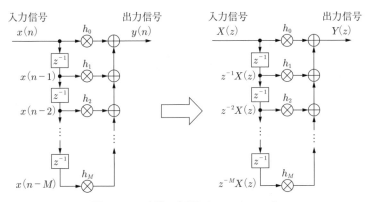

図 1.30 z 変換で表現した FIR フィルタ

例題 1.9

つぎの両辺を z 変換せよ。ただし，$x(n)$ の z 変換を $X(z)$，$y(n)$ の z 変換を $Y(z)$ とする。

(1) $y(n) = x(n) - x(n-1)$

(2) $y(n) = x(n-1) - 0.3x(n-2) - 0.1x(n-3)$

【解答】

(1) $Y(z) = X(z) - z^{-1}X(z) = (1 - z^{-1})X(z)$

(2) $Y(z) = z^{-1}X(z) - 0.3z^{-2}X(z) - 0.1z^{-3}X(z)$
$\qquad = z^{-1}(1 - 0.5z^{-1})(1 + 0.2z^{-1})X(z)$ ∎

FIR フィルタの係数が，h_m, $m = 0,\ 1,\ \cdots,\ M$ で与えられる場合，インパルス応答を $h(n)$ とすると，$h(0) = h_0$, $h(1) = h_1$, $\cdots$, $h(M) = h_M$ となる。そこで，フィルタのインパルス応答 $h(n)$ を z 変換すると

$$H(z) = \sum_{n=-\infty}^{\infty} h(n)z^{-n} = \sum_{m=0}^{M} h_m z^{-m} \tag{1.42}$$

となる。これを式 (1.41) に代入すると

$$Y(z) = H(z)X(z) \tag{1.43}$$

の関係を得る。これは，入力 $X(z)$ がフィルタを通ることで，$H(z)$ 倍されて，出力 $Y(z)$ になることを示している。

フィルタの特性は，出力 $Y(z)$ を入力 $X(z)$ で除して

$$H(z) = \frac{Y(z)}{X(z)} = \sum_{m=0}^{M} h_m z^{-m} \tag{1.44}$$

で与えられる。本書では，$H(z)$ を**伝達関数** (transfer function) と呼ぶ。伝達関数は，インパルス応答の z 変換である。

また，$z = e^{j\omega}$ とした結果を，特にフィルタの**周波数特性** (frequency characteristics)，あるいは**周波数応答** (frequency response) と呼ぶ†。ただし，ω は正規化角周波数である。

式 (1.44) に対する周波数特性は，$z = e^{j\omega}$ として

$$H(\omega) = \sum_{m=0}^{M} h_m e^{-j\omega m} \tag{1.45}$$

となる。ここで，**自然対数の底** (base of natural logarithm) e と，**虚数単位** (imaginary unit) j はいずれも定数なので，$H(e^{j\omega})$ を $H(\omega)$ と表記している。よって，伝達関数から，簡単にフィルタの周波数特性が得られる。

周波数特性 $H(\omega)$ は複素数なので，**極座標** (polar coordinates) で表現すると

$$H(\omega) = |H(\omega)|e^{j\angle H(\omega)} \tag{1.46}$$

のように書ける。ここで，$|H(\omega)|$ を周波数振幅特性，または単に振幅特性，$\angle H(\omega)$ を周波数位相特性，または単に位相特性と呼ぶ。

例として，入出力関係が $y(n) = x(n) - x(n-1)$ として与えられるフィルタの周波数特性を調べてみよう。伝達関数 $H(z) = 1 - z^{-1}$ より

$$H(\omega) = 1 - e^{-j\omega} = (e^{j\omega/2} - e^{-j\omega/2})e^{-j\omega/2}$$
$$= 2j\sin(\omega/2)e^{-j\omega/2} = 2\sin(\omega/2)e^{-j(\omega/2-\pi/2)}$$

である。ここで，$j = e^{j\pi/2}$ を用いた。

---

† $z = e^{j\omega}$ とした結果は，後述する離散時間フーリエ変換の定義式に一致する。

図 1.31 に ω を 0 から 2π まで変化させて，振幅特性 $|H(\omega)|$ をプロットした。図に示すように，振幅特性は $\omega = \pi$ を中心に偶対称となる†。フィルタの振幅特性は，0 から π に注目すればよい。結果から，このフィルタが HPF の特性をもつことがわかる。

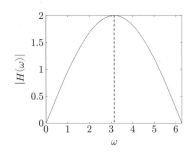

図 1.31　$|H(\omega)| = |1 - e^{-j\omega}|$ の振幅特性

IIR フィルタにおいても，同様に伝達関数および周波数特性を得ることができる。別の例として，**図 1.32** に 2 次 IIR フィルタのブロック図を示す。ここで，時間領域の入出力関係は，$y(n) = x(n) + a_1 y(n-1) + a_2 y(n-2)$ である。両辺を z 変換すると，$Y(z) = X(z) + a_1 z^{-1} Y(z) + a_2 z^{-2} Y(z)$ となる。

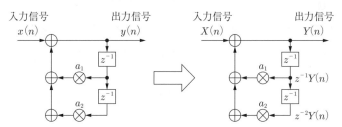

図 1.32　z 領域で表示した 2 次 IIR フィルタ

よって，図の伝達関数は

$$H(z) = \frac{Y(z)}{X(z)} = \frac{1}{1 - a_1 z^{-1} - a_2 z^{-2}} \tag{1.47}$$

である。また，フィルタの周波数特性は，$z = e^{j\omega}$ として

---

†　インパルス応答が実数であれば，$\omega = \pi$ を中心に，振幅特性は偶対称，位相特性は奇対称となる。また，サンプリング周波数を F_s〔Hz〕とすると，$\omega = \pi$ は $F_s/2$〔Hz〕に対応する。

$$H(\omega) = \frac{1}{1 - a_1 e^{-j\omega} - a_2 e^{-2j\omega}} \tag{1.48}$$

で与えられる。

式 (1.48) において，$a_1 = 0$，$a_2 = 0.7$ とした場合の振幅特性 $|H(\omega)|$ を**図 1.33** にプロットした。図から，$\omega = \pi$ を中心に偶対称の特性であることがわかる。また，結果から，このフィルタは，BPF のような働きをもつことがわかる。

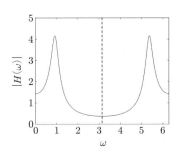

図 1.33 2 次 IIR フィルタの振幅特性の例

例題 1.10

式 (1.29), (1.30) で与えられるオールパスフィルタと，式 (1.34), (1.35) で与えられるノッチフィルタの伝達関数を求めよ。

【解答】 オールパスフィルタの入出力関係を z 変換すると

$$Y(z) = rU(z) + az^{-1}U(z) + z^{-2}U(z)$$
$$U(z) = X(z) - az^{-1}U(z) - rz^{-2}U(z)$$

となる。オールパスフィルタの伝達関数は，$H_A(z) = \dfrac{Y(z)}{X(z)} = \dfrac{Y(z)}{U(z)}\dfrac{U(z)}{X(z)}$ なので

$$\frac{Y(z)}{U(z)} = r + az^{-1} + z^{-2}, \quad \frac{U(z)}{X(z)} = \frac{1}{1 + az^{-1} + rz^{-2}}$$

より

$$H_A(z) = \frac{r + az^{-1} + z^{-2}}{1 + az^{-1} + rz^{-2}}$$

となる。同様に，ノッチフィルタの入出力関係を z 変換すると

$$Y(z) = \frac{1}{2}\left\{X(z) + rU(z) + az^{-1}U(z) + z^{-2}U(z)\right\}$$

$$U(z) = X(z) - az^{-1}U(z) - rz^{-2}U(z)$$

を得る。これを解けば，ノッチフィルタの伝達関数 $H_N(z)$ が得られるが，図 1.25 の構成から，$Y(z) = \frac{1}{2}\left\{1 + H_A(z)\right\}X(z)$ である。よって，$H_A(z)$ の結果を利用すれば

$$H_N(z) = \frac{Y(z)}{X(z)} = \frac{1}{2}\left(1 + \frac{r + az^{-1} + z^{-2}}{1 + az^{-1} + rz^{-2}}\right)$$

と書ける。それぞれの伝達関数において，$z = e^{j\omega}$ とすると，式 (1.31), (1.36) の周波数特性が得られる。　■

1.4.3　離散時間フーリエ変換

信号 $x(n)$ に対する離散時間フーリエ変換（DTFT）は，次式で定義される。

$$X(\omega) = \sum_{n=-\infty}^{\infty} x(n)e^{-j\omega n} \tag{1.49}$$

DTFT は，式 (1.44) の z 変換において，$z = e^{j\omega}$ とした場合と，まったく同じである。

式 (1.49) の $X(\omega)$ は**周波数スペクトル**（frequency spectrum），あるいは単に**スペクトル**（spectrum）と呼ばれる。さらに，$X(\omega) = |X(\omega)|e^{j\angle X(\omega)}$ と極座標表示したとき，$|X(\omega)|$ を**振幅スペクトル**（amplitude spectrum, spectral amplitude），$\angle X(\omega)$ を**位相スペクトル**（phase spectrum, spectral phase）と呼ぶ。また，式 (1.49) の逆変換である，**逆離散時間フーリエ変換**（inverse DTFT, IDTFT）は，次式で与えられる。

$$x(n) = \frac{1}{2\pi}\int_{-\pi}^{\pi} X(\omega)e^{j\omega n}d\omega \tag{1.50}$$

DTFT は $x(n)$ の無限時間の観測を必要としており，信号 $x(n)$ の周波数スペクトルの時間変化を確認したい場合には利用できない。また，IDTFT は，連続量 ω を必要とするため，計算機で扱うことができない。

例題 1.11

$x(n)$ の DTFT を $X(\omega)$ とする。IDTFT により, $X(\omega)$ からもとの $x(n)$ が得られることを示せ。

【解答】 式 (1.49) において, 変数 n を l に置き換え, 式 (1.50) に代入すると, $\dfrac{1}{2\pi}\displaystyle\int_{-\pi}^{\pi}\left(\sum_{l=-\infty}^{\infty}x(l)e^{-j\omega l}\right)e^{j\omega n}d\omega$ となる。積分と積和演算の順番を入れ替えると

$$\frac{1}{2\pi}\sum_{l=-\infty}^{\infty}x(l)\int_{-\pi}^{\pi}e^{j\omega(n-l)}d\omega$$

を得る。$l=n$ のとき, 積分項は, $\displaystyle\int_{-\pi}^{\pi}d\omega=[\omega]_{-\pi}^{\pi}=2\pi$ となる。一方, $l\neq n$ のとき, 積分項は, つぎのように 0 となる。

$$\frac{1}{j(n-l)}\left[e^{j\omega(n-l)}\right]_{-\pi}^{\pi}=\frac{1}{j(n-l)}\left(e^{j\pi(n-l)}-e^{-j\pi(n-l)}\right)$$
$$=\frac{1}{j(n-l)}2j\sin\{\pi(n-l)\}=0$$

ここで, $l-n$ が整数なので, $\sin\{\pi(n-l)\}=0$ となることを用いた。したがって, $l=n$ の結果だけを考えて

$$\frac{1}{2\pi}\sum_{l=-\infty}^{\infty}x(l)\int_{-\pi}^{\pi}e^{j\omega(n-l)}d\omega=\frac{1}{2\pi}x(n)2\pi=x(n)$$

を得る。 ∎

1.4.4 離散フーリエ変換

短時間で特性変動する音声音響信号では, 有限区間のフーリエ解析が有用である。そこで, DTFT の有限区間バージョンである, **離散フーリエ変換** (discrete Fourier transform, DFT) が用いられる。DFT は, 対象となる信号 $x(n)$ のうち N 点だけを切り出してフーリエ変換を行う。N 点の観測信号 $x(n)$ が, $x(0),\ x(1),\ \cdots,\ x(N-1)$ として与えられるとき, DFT は以下で定義される。

$$X(k)=\sum_{n=0}^{N-1}x(n)\exp\left(-j\frac{2\pi k}{N}n\right) \tag{1.51}$$

ここで，k は周波数番号と呼ばれる。また，$\exp(x) = e^x$ である。DFT で得られる周波数は，離散化された N 点の正規化周波数 k/N, $k = 0,\ 1,\ \cdots,\ N-1$ である。

DFT の逆変換は，**逆離散フーリエ変換**（inverse DFT, IDFT）と呼ばれ，次式で与えられる。

$$x(n) = \frac{1}{N} \sum_{k=0}^{N-1} X(k) \exp\left(j\frac{2\pi k}{N}n \right) \tag{1.52}$$

IDFT は，離散化された N 点の周波数スペクトルから，N 点の時間領域信号を得ることができる。スペクトルに処理を加えなければ，切り出した N 点においてのみ，もとの信号 $x(n)$ に一致することが保証されている。

実際の応用では，DFT ではなく，**高速フーリエ変換**（fast Fourier transform, FFT）がもっぱら用いられている。FFT は，DFT の高速算法であり，両者は同じ結果を与える。本書では，周波数分析の意味を重視し，FFT の表記を用いずに DFT で統一する。また，FFT に関する詳細には立ち入らない。

例題 1.12

$x(n)$ の DFT を $X(k)$ とする。IDFT により，$X(k)$ からもとの $x(n)$ が得られることを示せ。ただし，$0 \leq n < N$, $0 \leq k < N$ とする。

【解答】 式 (1.51) において，変数 n を l に置き換えて，式 (1.52) に代入すると

$$\frac{1}{N} \sum_{k=0}^{N-1} \left\{ \sum_{l=0}^{N-1} x(l) \exp\left(-j\frac{2\pi k}{N}l \right) \right\} \exp\left(j\frac{2\pi k}{N}n \right)$$

となる。積和演算の順番を入れ替えると

$$\frac{1}{N} \sum_{l=0}^{N-1} x(l) \sum_{k=0}^{N-1} \exp\left\{ -j\frac{2\pi k}{N}(l-n) \right\}$$

を得る。ここで，$I = \displaystyle\sum_{k=0}^{N-1} \exp\left\{ -j\frac{2\pi k}{N}(l-n) \right\}$ とおくと，$l = n$ のとき，$I = N$ となる。また，$l \neq n$ のとき

$$\exp\left\{ -j\frac{2\pi}{N}(l-n) \right\} I = \sum_{k=1}^{N} \exp\left\{ -j\frac{2\pi k}{N}(l-n) \right\}$$

の関係を用いると

$$I - \exp\left\{-j\frac{2\pi}{N}(l-n)\right\}I = 1 - \exp\left\{-j2\pi(l-n)\right\} = 1 - 1 = 0$$

である。ここで，$l-n$ が整数のとき，$e^{j2\pi(l-n)} = 1$ となることを用いた。よって，$I = 0$ である。したがって，$l = n$ のときだけを考えれば

$$\frac{1}{N}\sum_{l=0}^{N-1} x(l) \sum_{k=0}^{N-1} \exp\left\{-j\frac{2\pi k}{N}(l-n)\right\} = \frac{1}{N}x(n)N = x(n)$$

を得る。 ■

1.5 窓 関 数

音声信号は，時間変動するため，その周波数スペクトルを調べるには，短時間ごとに信号を切り出して DFT 分析することが有用である。音声を切り出す際には，窓関数が用いられる。本節では，窓関数の役割と種類について説明する。

1.5.1 矩 形 窓

DFT を実行するために，単に分析対象信号から，N 点の信号を取り出すことは，**図 1.34** に示すように，**矩形窓**（rectangular window）を乗じることに相当する。

切り出した N サンプルに対して，DFT を適用する。矩形窓を利用すると，切り出し区間の始点と終点の値が不連続になることが多い。この場合，DFT による分析精度が低くなる[†]。

例として，**図 1.35** に正弦波を矩形窓で切り出して，DFT 分析した結果を示す。ここで，矩形窓の長さを $N = 512$ として，正弦波の周期を $T = N/16 = 32$ と設定した。正弦波がちょうど矩形窓の中に 16 周期収まっており，切り出し区間の始点と終点の値が連続性をもつ。この場合は，図に示すように真の周波数番号 16 の位置に正しい分析結果が得られる。

[†]   DFT は，切り出した N サンプルの波形を 1 周期とする，周期信号の分析結果である。

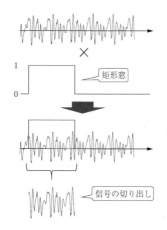

図 **1.34** 窓関数による信号切り出し
（矩形窓の場合）

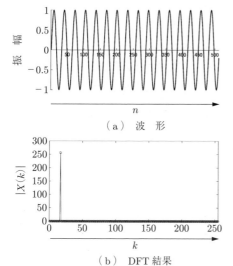

（a） 波 形

（b） DFT 結果

図 **1.35** 矩形窓の長さ $N = 512$ で切り出した $T = N/16 = 32$ の周期をもつ正弦波

　つぎに，正弦波の周期を $N/16 + 3 = 35$ として分析した結果を**図 1.36**(a) に示す。矩形窓の長さが分析対象信号の周期で割り切れないため，切り出し区間の始点と終点の値が不連続となる。この場合は，図 (b) に示すように，正弦波の周波数が 1 種類しか存在しないにもかかわらず，複数の周波数が存在するような分析結果となる。

　DFT の結果は，分析区間の N サンプルの信号を 1 周期と考えた場合の分析

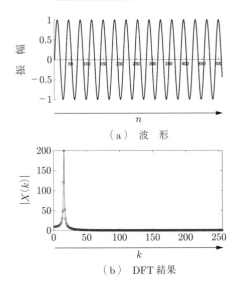

（a）波　形

（b）　DFT 結果

図 **1.36**　矩形窓の長さ $N = 512$ で切り出した $T = N/16 + 3 = 35$ の周期をもつ正弦波

結果となっている。よって，切り出し区間の始点と終点の値が不連続となる場合，**図 1.37** に示すように，N サンプルごとに波形の歪みが生じる。この歪みを表現するために，本来は存在しないはずの周波数スペクトルが分析結果に現れる。

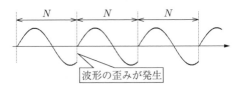

波形の歪みが発生

図 **1.37**　DFT の結果は N サンプルの波形を1 周期とする信号の分析結果

1.5.2　ハ　ン　窓

　分析区間の始点と終点の不連続を防ぐために，切り出し区間の始点と終点を 0 に近づくようにした，窓関数が用いられる。窓関数は，始点と終点の値に連続性をもたせると同時に，分析結果が真値に近くなることが要求される。

　代表的な窓関数の一つに，ハン窓（Hann window）がある。切り出し区間の

始点を $n = 0$，終点を $n = N - 1$ として，N サンプルの信号を切り出す場合，ハン窓は次式によって与えられる[†]。

$$w_{\mathrm{hn}}(n) = \begin{cases} 0.5 - 0.5 \cos\left(\dfrac{2\pi n}{N-1}\right), & 0 \leq n < N \\ 0, & \mathrm{otherwise} \end{cases} \tag{1.53}$$

ハン窓によって信号を切り出し，DFT 分析を行った結果を**図 1.38** に示す。ただし，分析対象信号は，周期が $N/16 + 3 = 35$ の正弦波である。ここで，図 (a) が切り出した波形，図 (b) が DFT 結果である。ハン窓をかけた結果として，図 (a) では切り出し区間の両端が 0 となっており，連続性が得られていることがわかる。また，真の周波数番号 16 の周辺の周波数スペクトルが，図 1.36 に比べて抑えられていることがわかる。

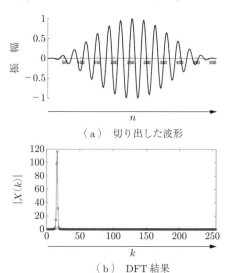

（a） 切り出した波形

（b） DFT 結果

図 1.38 $N = 512$ のハン窓で切り出した $T = N/16 + 3$ の周期をもつ正弦波

1.5.3 その他の窓関数

矩形窓，ハン窓も含め，音声信号処理において，よく用いられる窓関数を以下にまとめておく。ただし，$n = 0, 1, \cdots, N - 1$ である。

[†] $M = N - 1$ とすると，式 (1.23) に一致する。

● 矩形窓

$$w_{\mathrm{hn}}(n) = 1 \tag{1.54}$$

● ハン窓

$$w_{\mathrm{hn}}(n) = 0.5 - 0.5\cos\left(\frac{2\pi n}{N-1}\right) \tag{1.55}$$

● ハミング窓

$$w_{\mathrm{hm}}(n) = 0.54 - 0.46\cos\left(\frac{2\pi n}{N-1}\right) \tag{1.56}$$

● ブラックマン窓

$$w(n)_{\mathrm{bm}} = 0.42 - 0.5\cos\left(\frac{2\pi n}{N-1}\right) + 0.08\cos\left(\frac{4\pi n}{N-1}\right) \tag{1.57}$$

それぞれの窓関数を $N = 512$ で作成した結果を**図 1.39** に示す。図からわかるように，矩形窓以外では，いずれも中央で最大となり，両端に向かって減衰する形となる。

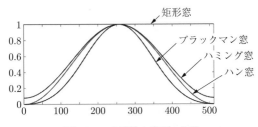

図 1.39 窓関数の波形の比較

図のそれぞれの窓関数によって信号を切り出し，DFT 分析を行った。ただし，分析対象信号は，周期が $N/16 + 3 = 35$ の正弦波である。

それぞれの DFT 結果の比較を**図 1.40**(a) に示す。また，より詳細に比較するため，図 (b) に，$k = 0, 1, \cdots, 50$ を拡大した図を示しておく。結果から，矩形窓以外では，スペクトルの広がりが抑えられていることがわかる。

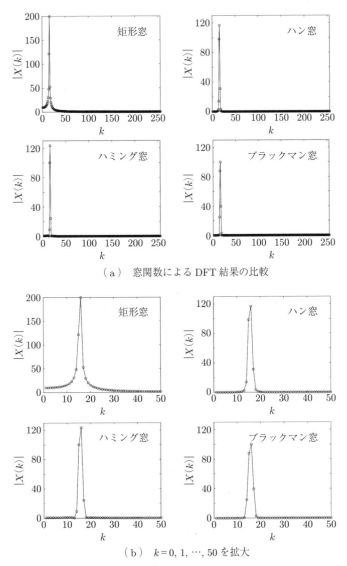

（a） 窓関数による DFT 結果の比較

（b） $k = 0, 1, \cdots, 50$ を拡大

図 **1.40** 窓関数による DFT 結果の比較

1.6　STFT とオーバラップ加算

　音声は短時間で特性が変動する信号である。このため，短時間ごとに DFT 分析を行い，スペクトルの時間変化を観察することが有用である。これを**短時間フーリエ変換**（short-time Fourier transform, STFT）と呼ぶ。音声信号処理では，STFT において，連続する DFT の**分析フレーム**（analysis frame）を一部重複させて実行することが多い。よって，STFT 結果を**逆短時間フーリエ変換**（inverse STFT, ISTFT）でもとの信号に戻すとき，時間軸上で一部重複する波形が得られる。この重複部を加算して最終的な時間波形を得ることを，**オーバラップ加算**（overlap-add）と呼ぶ。以降では，オーバラップ加算に関するいくつかの性質について説明する。

1.6.1　ハーフオーバラップ

　オーバラップ加算では，分析フレームの 1/2 の長さだけ**シフト**（shift）して，つぎの分析を行う，**ハーフオーバラップ**（half-overlap）がよく用いられる。

　図 1.41 にハン窓で切り出した正弦波を STFT し，ISTFT により復元した波形を示す。ここで，図 (a) はオーバラップなしの実行結果，図 (b) はハーフオーバラップの実行結果を示している。両図において，上段が分析対象信号，中段が窓関数の和，下段が STFT および ISTFT を行った結果である。図 (a) の結果からわかるように，オーバラップなしの ISTFT では，当然ながらもとの信号には戻らない。一方，図 (b) では，ISTFT の際に切り出し区間の半分だけ信号が重複しており，これらを加算している。図の窓関数の和が，ほぼ 1 であることから，波形全体の両端を除き，もとの信号が復元されていることがわかる。

1.6.2　STFT の冗長性

　応用によっては，分析フレームの 1/2 シフトで STFT を行うハーフオーバラップではなく，1/4 シフト（3/4 オーバラップ），1/8 シフト（7/8 オーバラッ

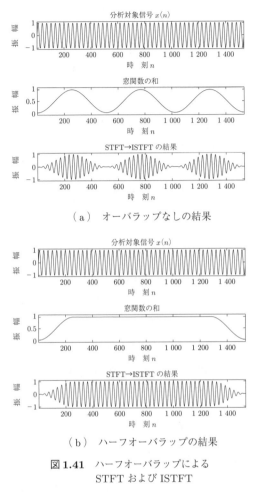

（a）　オーバラップなしの結果

（b）　ハーフオーバラップの結果

図 1.41　ハーフオーバラップによる
STFT および ISTFT

プ）なども用いられる。ただし，オーバラップを深くするほど，一定時間内の
DFT 回数が増えるので，全体の演算量は増加する。

　1回の DFT では，N サンプルの波形信号 $x(n)$, $n = 0, 1, \cdots, N-1$ か
ら，N サンプルのスペクトル $X(k)$, $k = 0, 1, \cdots, N-1$ が得られる。この
様子を再確認しておく。

　図 1.41(b) において，1 フレームだけ DFT した結果を**図 1.42** に示す。上段
は，ハン窓（$N = 512$）で切り出した分析対象信号，下段は DFT 結果の振幅

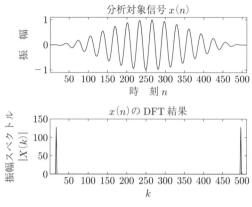

図 1.42 1 フレームの DFT 結果 ($N = 512$)

スペクトルである。この例では，ほとんどの DFT 結果は 0 であるが，512 サンプルの波形信号から，合計 512 個の振幅スペクトルが得られている。ここで，実数信号の DFT では，振幅スペクトルが，$N/2$ を中心に**偶対称**（even）になるという性質があることに注意しよう。

オーバラップを含む STFT では，分析区間に重複部が含まれる。重複部があるので，全体では，STFT で得られる DFT 結果のスペクトルの個数のほうが，波形信号のサンプルの数よりも多くなる。これを本書では，STFT の**冗長性**（redundancy）と呼ぶことにする。

図 1.41(b) のハーフオーバラップを用いた STFT の結果において，得られた振幅スペクトルを**図 1.43** に示す。ここで，上段は，分析対象信号の波形で，サンプルの数は 1 536 である。縦方向の破線は，各 DFT（$N = 512$）の開始位置を示している。この例では，256 サンプルごとに 5 回の DFT が実行されている。一方，下段の STFT 結果は，各フレームで得られた振幅スペクトルを並べたものである。全部で 512 × 5 = 2 560 個の結果が得られている。結局，1 536 個の値で表現される信号を，2 560 個の値で表現している。これが STFT の冗長性である。

1.6.3 位相スペクトルの復元

STFT の冗長性を利用すれば，振幅スペクトルだけを用いて，位相スペクト

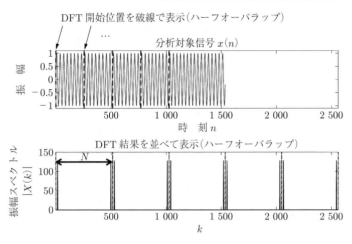

DFT 開始位置を破線で表示（ハーフオーバラップ）

…

分析対象信号 $x(n)$

DFT 結果を並べて表示（ハーフオーバラップ）

N

図 1.43 STFT の冗長性（ハーフオーバラップ）

ルをある程度復元することができる。

　例えば，オーバラップを含む STFT において，振幅スペクトルを保持したま
ま，位相スペクトルをすべて乱数化する。このとき，ISTFT で得られる波形
は，オーバラップ加算の影響で，もとの信号とは異なる波形となる。この波形
を再び STFT すると，振幅および位相スペクトルの両方が変化している[†1]。

　このとき，位相スペクトルが変化していることに注目する。この位相スペク
トルは，オーバラップ加算された合成波形の STFT から得られている。つまり，
波形から直接的に得られた位相スペクトルなので，乱数よりは，つじつまの合
う位相スペクトルとなっている。

　つぎに，変化した振幅スペクトルを真の振幅スペクトルに強制的に戻し，位
相スペクトルはそのまま利用して，再び ISTFT を実行する。この際も，もとの
信号には戻らないが，よりつじつまの合った位相スペクトルによる合成波形と
なる。この手順を反復することで，オーバラップ部で矛盾を生じさせない[†2]位
相スペクトルが形成できる。

[†1] オーバラップがない STFT および ISTFT では，振幅スペクトルは変化しない。
[†2] かつ振幅スペクトルを保持できる。

この方法は**反復位相復元**[1]† (iterative phase reconstruction) と呼ばれる。詳細については，3.2.2 項で改めて述べる。

例題 1.13

サンプリング周波数を 16 kHz として，100 Hz の正弦波に対して，反復位相復元を実行せよ。ただし，STFT では，長さ $N = 512$ のハン窓を用い，オーバラップを 7/8 とせよ。また，正弦波の長さは，$3N = 1536$ サンプルとすること。

【解答】　実行結果を**図 1.44** に示す。図において，上から順に，もとの波形，位相スペクトルを乱数化した波形，反復 1 回目，反復 10 回目の結果である。結果から，10 回程度の反復でも，もとの信号波形にかなり近づいていることがわかる。また，復元波形の両端は，窓関数の影響で 0 に減衰している。

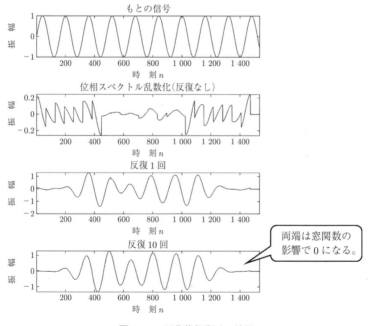

図 1.44　反復位相復元の結果

---

† 肩つき数字は巻末の引用・参考文献を示す。

発声モデル

本章では，音声の発声原理について述べ，簡単な発声モデルとして**ソース・フィルタモデル**（source-filter model）を説明する。ソース・フィルタモデルは，音声の分析，あるいは合成に有用である。さらに，ソース・フィルタモデルを利用した，**線形予測分析**（linear prediction analysis）と**ケプストラム分析**（cepstrum analysis）について解説する。

2.1　ソース・フィルタモデル

音源をフィルタに入力し，その出力が音声になるというモデルをソース・フィルタモデルと呼ぶ。音声の発声の仕組みは，ソース・フィルタモデルとして近似できる。

2.1.1　音声の発声の仕組み

音声の発声の仕組みを**図 2.1** に示す。最初に，肺からの空気が**声帯**（vocal cords）を通り，**音源**（source）が生成される。ここで，声帯の振動を伴う音源から生成される音声を**有声音**（voiced sound），声帯の振動を伴わない音源から生成される音声を**無声音**（unvoiced sound）と呼ぶ。

有声音の場合，声帯が振動して，空気の通り道が開閉される。空気の遮断と通過の反復により，有声音の音源は，ブザーのような音になる。声帯の振動周期は，声の高さを決定する。周期が短いほど高い声になる。

一方，無声音の場合は，声帯は開いたままで，空気の遮断は生じない。無声

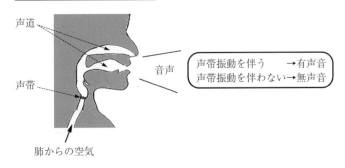

声道

音声

声帯振動を伴う   →有声音
声帯振動を伴わない→無声音

声帯

肺からの空気

図 2.1　発声の仕組み

音の音源は，ノイズのような音になる。ささやき声などが，無声音の例である。

　つぎに音源は，**鼻腔**（nasal cavity）と**口腔**（oral cavity）を通過する。この部分は，**声道**（vocal tract）と呼ばれる。音源が声道を通過する際に**共振**（resonance）などが生じ，「あ」や「い」などの音声の種類が決定される。我々は舌や唇などを動かして声道の形を調整し，音声をつくっている。これを**調音**（articulation）と呼ぶ。

2.1.2　音源と声道フィルタ

　声帯の振動は音の大きさや高さを決定し，声道は，**音色**（timbre），あるいは音声の種類を決定する。性別や年齢などで，声の高さや声の性質は異なるが，我々は，音声を聞きとり，理解することができる。極端にいえば，音声による言葉の伝達という観点では，我々は，音源とは無関係に声道の特性を知覚し，音声の種類を判別している。一方，声帯付近で生成される音源は，恐れや興奮の状態により変化するので，感情の伝達に役立つことがある。

　音声の発声の仕組みをモデル化するために，声帯付近に生じる音を音源とし，それ以降の声道をフィルタ（**声道フィルタ**（vocal tract filter）と呼ぶ）と考える。声道フィルタは音源を入力として音声を出力する。

　音源と声道フィルタの対応関係を，**図 2.2** に示す。ここで，音源は，有声音をイメージし，周期的な**パルス列**（pulse train）で表現している。音源と声道フィルタを分離して考えることで，音声の発声原理をフィルタの入出力関係と

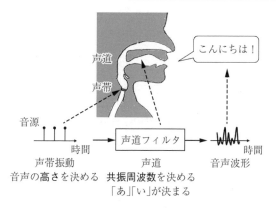

図 2.2　音源と声道

して扱うことができる。

2.1.3　音声のソース・フィルタモデル

　音源（ソース）がフィルタを通過した結果が，目的とする音響信号であるとするモデルをソース・フィルタモデルと呼ぶ。音声の場合も，声帯付近の音源が声道フィルタを通過して音声が生成されると考えるので，ソース・フィルタモデルである。

　図 2.3 に音声のソース・フィルタモデルを示す。有声音の場合，音声の音源は，パルス列で近似されることが多い。また，無声音の場合，音源は白色雑音で近似されることが多い。

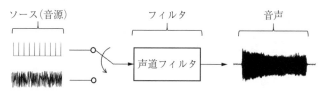

図 2.3　音声のソース・フィルタモデル

2.1.4　微細構造とスペクトル包絡

　ソース・フィルタモデルにおいて，声道フィルタのインパルス応答を $a_r(n)$，$n = 0,\ 1,\ \cdots,\ M-1$ とする。時刻 n における音源を $g(n)$ とすると，音声

$s(n)$ は

$$s(n) = \sum_{m=0}^{M-1} a_r(m)g(n-m) \tag{2.1}$$

で与えられる。

ソース・フィルタモデルを，**周波数領域**（frequency domain）で表現すると，音源の周波数特性を $G(\omega)$，声道フィルタの周波数特性を $A(\omega)$ として

$$S(\omega) = A(\omega)G(\omega) \tag{2.2}$$

のように音声の周波数特性 $S(\omega)$ が得られる。このとき，$G(\omega)$ の振幅特性 $|G(\omega)|$ を音声の**微細構造**（fine structure），$A(\omega)$ の振幅特性 $|A(\omega)|$ を**スペクトル包絡**（spectral envelope）と呼ぶ。

図 2.4 にこの関係を示す。図に示すように，DTFT でも DFT でも同様の関係が得られる。

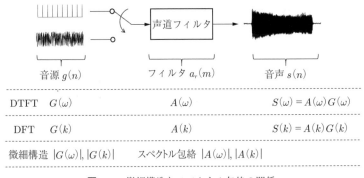

図 2.4 微細構造とスペクトル包絡の関係

例題 2.1

式 (2.1) の両辺に DTFT を適用し，式 (2.2) を導出せよ。ただし，$g(n)$, $s(n)$, $a_r(m)$ の DTFT を，それぞれ $G(\omega)$, $S(\omega)$, $A(\omega)$ とする。

【解答】 式 (2.1) の両辺を，定義式に従って DTFT を適用すると

$$S(\omega) = \sum_{n=-\infty}^{\infty} \left(\sum_{m=0}^{M-1} a_r(m)g(n-m) \right) e^{-j\omega n}$$

$$= \sum_{m=0}^{M-1} a_r(m) \sum_{n=-\infty}^{\infty} g(n-m)e^{-j\omega n}$$

となる。ここで，$l = n - m$ とおくと，n が $-\infty$ から ∞ まで動くとき，l も $-\infty$ から ∞ まで動く。また，$n = l + m$ となるから，つぎを得る。

$$S(\omega) = \sum_{m=0}^{M-1} a_r(m) \sum_{l=-\infty}^{\infty} g(l)e^{-j\omega(l+m)}$$

$$= \sum_{m=0}^{M-1} a_r(m) \left(\sum_{l=-\infty}^{\infty} g(l)e^{-j\omega l} \right) e^{-j\omega m}$$

$$= \left(\sum_{m=0}^{M-1} a_r(m)e^{-j\omega m} \right) G(\omega)$$

$$= A(\omega)G(\omega)$$ ∎

2.1.5 基本周期と基本周波数

音源の波形がパルス列で表現される場合，そのフーリエ変換によって得られる振幅スペクトル，すなわち微細構造もパルス列を形成する。音源をパルス列とした場合の波形 $g(n)$ と，その DFT 結果から得られた微細構造 $|G(k)|$ を**図 2.5** に示す。ここで，$g(n)$ のパルスの間隔は 32 とし，DFT は $N = 512$ として実行した。よって，分析区間に $512/32 = 16$ 個のパルスが含まれる。結果から，波形および微細構造が，いずれもパルス列を形成していることがわかる。また，微細構造のパルス列の間隔は 16 となる。

音源のパルス列の間隔は**基本周期**（fundamental period）と呼ばれ，微細構造のパルス列の間隔は**基本周波数**（fundamental frequency）と呼ばれる。ここで，現実のアナログ信号で考えれば，基本周期が T_0〔s〕のとき，基本周波数は $F_0 = 1/T_0$〔Hz〕である。

一方，ディジタル信号では，サンプリング周波数を F_s〔Hz〕として，基本周期は，$t_0 = T_0 F_s = F_s/F_0 = 1/f_0$〔サンプル〕，基本周波数は，$f_0 = 1/t_0 = F_0/F_s$

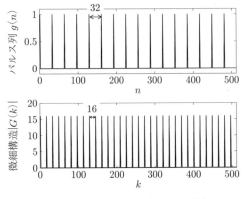

図 2.5　音源（パルス列）と微細構造
（振幅スペクトル）

で与えられる。ただし，t_0, f_0 は，それぞれ正規化された基本周期，基本周波数である。

さらに，N サンプルに対する DFT の場合，基本周波数 f_0 に対応する周波数番号は，$k_0 = N \times f_0$ となる。図では，$t_0 = 32$ であるから，$f_0 = 1/32$ である。よって，基本周波数に対応する周波数番号は，$k_0 = N f_0 = 512/32 = 16$ となる。

例題 2.2

　ディジタル信号 $x(n)$, $n = 0, 1, \cdots, N-1$ が，N/L（整数とする）ごとに 1 となり，それ以外が 0 となるパルス列のとき，$x(n)$ の DFT を求めよ。

【解答】

$$x(n) = \sum_{m=0}^{L-1} \delta\left(n - m\frac{N}{L}\right), \quad 0 \le n < N$$

であるから，その DFT である $X(k)$, $0 \le k < N$ は，つぎのようになる。

$$X(k) = \sum_{n=0}^{N-1} \left\{ \sum_{m=0}^{L-1} \delta\left(n - m\frac{N}{L}\right) \right\} e^{-j\frac{2\pi k}{N}n}$$

$$= \sum_{m=0}^{L-1} \sum_{n=0}^{N-1} \delta\left(n - m\frac{N}{L}\right) e^{-j\frac{2\pi k}{N}n}$$

$$= \sum_{m=0}^{L-1} e^{-j\frac{2\pi k}{L}m} = \begin{cases} L, & k = pL, \ p = 0,\ 1,\ \cdots,\ \dfrac{N}{L} - 1 \\ 0, & \text{otherwise} \end{cases}$$

最後の計算は，k が L の整数倍のときに，$e^{-j2\pi\times(\text{整数})} = 1$ が L 個加算されるため，結果が L となる。それ以外では

$$X(k) - e^{-j2\pi k/L}X(k) = 1 - e^{-j2\pi k} = 1 - 1 = 0$$

より，$X(k)(1-e^{-j2\pi k/L}) = 0$ である。k が L の整数倍でないから，$e^{-j2\pi k/L} \neq 1$ である。よって，$X(k) = 0$ となる。まとめると，$x(n)$ が等間隔に L 個のパルスをもつとき，$X(k)$ は等間隔に N/L 個のパルスをもつ。　■

音源 $g(n)$ がパルス列のとき，その振幅スペクトル $|G(k)|$ で与えられる微細構造もパルス列を形成する。一方，音源 $g(n)$ が白色雑音で与えられるときは，微細構造 $|G(k)|$ の平均値は周波数によらず一定値となる。

ただし，平均値は一定値になるが，1 回の微細構造 $|G(k)|$ の観測では，一定値とは限らないことに注意が必要である。このことを確認しておこう。

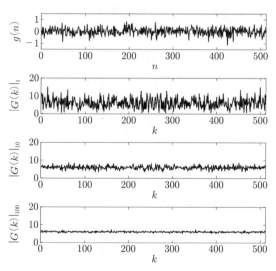

図 2.6　音源波形（白色雑音）と微細構造
（振幅スペクトル）の平均値

$g(n)$ を白色雑音として，$N = 512$ サンプル作成する。そして，DFT により振
幅スペクトル $|G(k)|$ を計算する。この作業を n 回実行し，その平均値 $|G(k)|_n$ を
図 2.6 にプロットした。図からわかるように，発生回数が 1 回であれば，$|G(k)|_1$
は，一定値には見えない。しかし，発生回数を増加させ，その平均値をとれば，
$|G(k)|$ が一定値に近づくことがわかる。

2.2　線形予測分析

　音源と声道フィルタを用意すれば，音声を合成することができる。この技術
を**音声合成** (speech synthesis) と呼ぶ。逆に，観測した音声から，音源と声
道フィルタを得る技術を**音声分析** (speech analysis) と呼ぶ。音声分析の一つ
として，**線形予測分析** (linear prediction analysis) が知られている。本節で
は，線形予測分析に基づく，音声の分析・合成について説明する。

2.2.1　予測誤差フィルタ

　線形予測分析は，**図 2.7**(a) に示す**予測誤差フィルタ** (prediction error filter)
により実現できる。ここで，$x(n)$ は時刻 n における音声信号である。$y(n)$ は**線
形予測器** (linear predictor) の**予測値**あるいは**予測信号** (predicted signal)，
$e(n) = x(n) - y(n)$ は**予測誤差信号**あるいは**誤差信号** (prediction error) と
呼ばれる。また，線形予測器の周波数特性を $H(\omega)$ とすると，予測誤差フィル
タの周波数特性は $1 - H(\omega)$ と書ける。図 (a) に示すように，予測誤差フィル
タは，線形予測器を実現することで得られる。

　線形予測器は，過去の信号の**重み付き加算** (weighted summation) により，
現在の信号を表現するフィルタである。線形予測器の構成を図 (b) に示す。こ
こで，予測値 $y(n)$ は

$$y(n) = \sum_{m=1}^{P} h_m x(n-m) \tag{2.3}$$

のように計算される。ただし，$h_m, m = 0, 1, \cdots, P$ は，P 次の線形予測器の

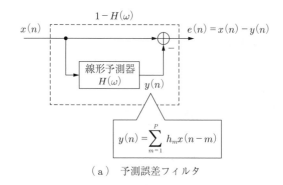

（a）　予測誤差フィルタ

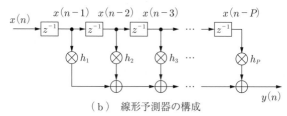

（b）　線形予測器の構成

図 **2.7**　線形予測分析

フィルタ係数である。フィルタ係数 h_m を適切に決定すると，予測誤差 $e(n)$ の
2 乗平均値（mean square value）$J = E[e^2(n)]$ を最小化することができる。

　予測誤差フィルタが**最適化**（optimization）されているとき，すなわち，J
を最小にする h_m が得られているとき，予測誤差 $e(n)$ を，音源の近似波形とみ
なすことができる。このとき，$e(n)$ の振幅特性は，音声の微細構造を与える。

2.2.2　音 声 の 合 成

　最適な係数 h_m が設定されているとき，声道フィルタの周波数特性 $A(\omega)$ を，
つぎのように近似する。

$$A(\omega) \approx \frac{1}{1 - H(\omega)} = \frac{1}{1 - \sum_{m=1}^{P} h_m e^{-j\omega m}} \tag{2.4}$$

ここで，声道フィルタ $A(\omega)$ は，予測誤差フィルタの**逆フィルタ**（inverse filter）
となっている。当然ながら，予測誤差 $e(n)$ をフィルタ $\dfrac{1}{1 - H(\omega)}$ に入力すれ
ば，音声信号 $x(n)$ が復元される。これは，音源を声道フィルタに入力して，音

声を出力するモデルと一致する。

図 2.8 に，線形予測分析と合成の関係を示す。ここで，声道フィルタ $A(\omega) = \dfrac{1}{1 - H(\omega)}$ は時間とともに変化するので，短時間ごとに $H(\omega)$ を更新する必要がある。

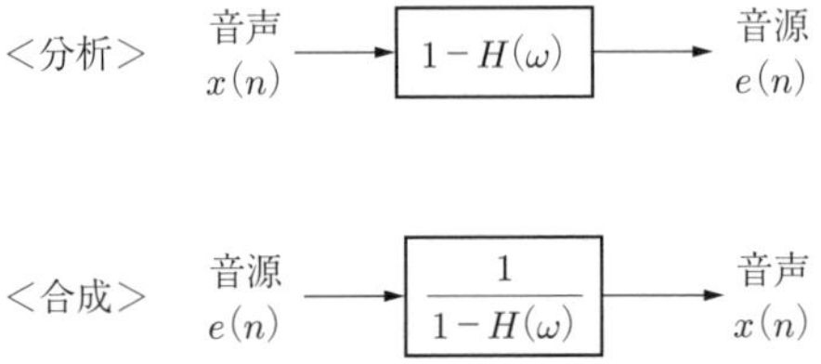

<分析>　　音声 $x(n)$ ⟶ $\boxed{1 - H(\omega)}$ ⟶ 音源 $e(n)$

<合成>　　音源 $e(n)$ ⟶ $\boxed{\dfrac{1}{1 - H(\omega)}}$ ⟶ 音声 $x(n)$

図 2.8　線形予測分析と合成

声道フィルタの周波数振幅特性がスペクトル包絡を与えるので，$\left|\dfrac{1}{1 - H(\omega)}\right|$ が近似スペクトル包絡となる。

2.2.3　レビンソン・ダービンアルゴリズム

最小 2 乗平均（minimum mean square）の意味で，最適な h_m を得る方法として，**レビンソン・ダービンアルゴリズム**[2]（Levinson-Durbin algorithm）が知られている。本項では，レビンソン・ダービンアルゴリズムの手順を説明する。

P 次の予測誤差フィルタの出力は，式 (2.3) より，$e(n) = x(n) - \sum_{m=1}^{P} h_m x(n - m)$ である。ここで，$a_P(0) = 1$, $a_P(m) = -h_m$, $m = 1, 2, \cdots, P$ とおくと

$$e(n) = \sum_{m=0}^{P} a_P(m) x(n - m) \tag{2.5}$$

と書ける。レビンソン・ダービンアルゴリズムでは，$a_P(m)$, $m = 1, 2, \cdots, P$ を導出することができる。ただし，つねに $a_P(0) = 1$ である。

まず，初期設定として以下を計算しておく。

$$R(\tau) = \sum_{i=0}^{N-1} x(n - i) x(n - \tau - i), \quad \tau = 0, 1, \cdots, P \tag{2.6}$$

$$\sigma_0 = R(0) \tag{2.7}$$

ここで，$R(\tau)$ は音声信号 $x(n)$ の**自己相関**（auto-correlation）と呼ばれる。また，N は自己相関を計算する時間幅である。

つぎに，$m = 0,\ 1,\ \cdots,\ P-1$ の順に次数を上げながら以下を順次計算する。

$$D_{m+1} = R(m+1) + \sum_{i=1}^{m} a_m(i)R(m+1-i) \tag{2.8}$$

$$\rho_{m+1} = -\frac{D_{m+1}}{\sigma_m} \tag{2.9}$$

$$\sigma_{m+1} = (1 - \rho_{m+1}^2)\sigma_m \tag{2.10}$$

$$a_{m+1}(i) = \begin{cases} 1, & i = 0 \\ a_m(i) + \rho_{m+1}a_m(m+1-i), & 1 \le i \le m \\ \rho_{m+1} \end{cases} \tag{2.11}$$

最終的に得られる $a_P(i),\ i = 0,\ 1,\ \cdots,\ P$ が，最適な P 次のフィルタ係数 $h_m = -a_P(m),\ m = 1,\ 2,\ \cdots,\ P$ を与える。

例題 2.3

音声信号 $x(n)$ に対し，式 (2.6) で $R(0),\ R(1)$ が得られている。レビンソン・ダービンアルゴリズムにより，$P = 1$ のときのフィルタ係数 h_1 を求めよ。

【解答】　$P = 1$ なので，$m = 0$ のときだけを計算すればよい。

$$D_1 = R(1)$$
$$\rho_1 = -\frac{D_1}{\sigma_0}$$

ここで，$\sigma_0 = R(0)$ より，$a_1(0) = 1,\ a_1(1) = -\dfrac{R(1)}{R(0)}$ である。よって，$h_1 = -a_1(1) = \dfrac{R(1)}{R(0)}$ となる。　■

2.2.4　フォルマント

線形予測分析の例として，サンプリング周波数 $F_s = 16$〔kHz〕の男声「え」

に対して，$P = 13$ としてレビンソン・ダービンアルゴリズムでフィルタ係数
$a_{13}(0),\ a_{13}(1),\cdots,\ a_{13}(13)$ を計算した。ここで，予測誤差フィルタの周波数
特性は，$1 - H(\omega) = 1 - \displaystyle\sum_{m=1}^{13} h_m e^{-j\omega m} = \sum_{m=0}^{13} a_{13}(m) e^{-j\omega m}$ で与えられる。

そして，声道フィルタの周波数特性は，$A(\omega) = \dfrac{1}{1 - H(\omega)}$ として表現できる。
音声のスペクトル包絡を $A(\omega)$ の**対数パワースペクトル** (logarithmic power
spectrum) $\ln|A(\omega)|^2$ として，**図 2.9** にプロットした。ここで，横軸は実際の
周波数 $F = \dfrac{\omega}{2\pi} F_s$ 〔Hz〕としている。

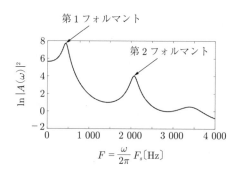

図 **2.9**　線形予測分析で得られた
スペクトル包絡

結果からわかるように，スペクトル包絡は，数個のピークをもつ。このピー
クは**フォルマント** (formant) と呼ばれ，低域側から，第 1 フォルマント，第 2
フォルマント，$\cdots$ と呼ばれる。特に，第 1 フォルマントと第 2 フォルマント
は，母音の判別に有効とされている。

図 2.10 に母音に対するフォルマントのおおまかな分布を示す。ここで，横
軸は第 1 フォルマント F_1 〔Hz〕，縦軸は第 2 フォルマント F_2 〔Hz〕である。
図の母音に対するフォルマントの範囲は，必ずしも正確ではないが，第 1，第
2 フォルマントにより，母音の判別がある程度可能であることがわかる。

図 2.9 では，第 1 フォルマントが 434 Hz，第 2 フォルマントが 2 066 Hz で
あったので，母音「え」であると推測できる。

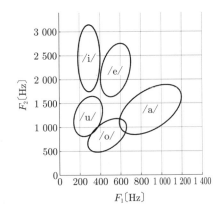

図 **2.10** 母音に対する
フォルマントの分布

2.3 ケプストラム分析

線形予測分析により,音源波形と声道フィルタのフィルタ係数を得る方法を説明した。得られた結果を DFT すると,微細構造とスペクトル包絡が得られる。本節では,観測音声に直接 DFT を適用し,微細構造とスペクトル包絡に分離する,ケプストラム分析[3]について説明する。

2.3.1 ケプストラム

ケプストラム分析では,N 点の観測音声 $x(n)$ に対して,DFT により,振幅特性 $|X(k)|$, $k = 0, 1, \cdots, N-1$ を得る。つぎに,その対数 $\ln|X(k)|$ を計算する。これを**対数振幅スペクトル**(logarithmic amplitude spectrum)と呼ぶ。

スペクトル包絡の周波数特性を $A(k)$,音源の周波数特性を $G(k)$ とすると,$X(k) = A(k)G(k)$ の関係があるので,$|X(k)| = |A(k)||G(k)|$ である。よって,対数振幅スペクトルでは,次式が成立する。

$$\ln|X(k)| = \ln|A(k)| + \ln|G(k)| \tag{2.12}$$

対数をとることで,スペクトル包絡と微細構造の和として音声を表現するこ

とができる。音声の微細構造 $|G(k)|$ がパルス列の形状をもつならば，それは急峻な変化を伴う。一方，スペクトル包絡 $|A(k)|$ は，図2.9で見たように，比較的緩やかな形状をもつ。このように，$|G(k)|$ と $|A(k)|$ は，明確に異なる形状をもつ。

対数振幅スペクトルを IDFT すれば，ケプストラム $c(n) = \text{IDFT}[\ln|X(k)|]$ が得られる。ここで，IDFT[·] は，IDFT を実行する演算子である。式で書けば

$$c(n) = \frac{1}{N}\sum_{k=0}^{N-1}(\ln|X(k)|)e^{j2\pi kn/N} \tag{2.13}$$

となる。

図 2.11 にケプストラムを計算した例を示す。ここで，発声モデルに対応して，波形，対数振幅スペクトル，ケプストラムをそれぞれ示している。ただし，発声モデルの音源 $g(n)$ は，人工的に作成したパルス列とした。また，声道フィルタ $A(k)$ のインパルス応答 $a(m)$ は，男声「え」を線形予測分析した結果から計算した。図の結果から，音声の対数スペクトルが，音源とスペクトル包絡の和になっていることがわかる。また，ケプストラムも IDFT の線形性により，同様に両者の和となっている。

図 2.12 に，音声信号 $x(n)$ に対するケプストラム分析の手順と，分析結果か

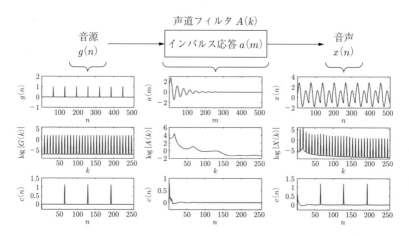

図 2.11　音声発声モデルに対するケプストラムの例

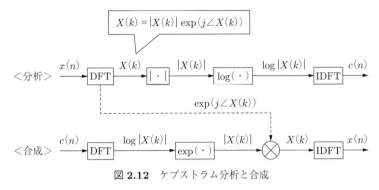

図 2.12　ケプストラム分析と合成

らもとの信号を得るための合成の手順を示しておく。ここで，位相スペクトル $\angle X(k)$ は，ケプストラム分析では不要であるが，もとの音声信号を合成する場合には保持しておく必要がある。

2.3.2　スペクトル包絡

対数スペクトル $\ln|H(k)|$ と $\ln|G(k)|$ の IDFT の結果は，$\ln|H(k)|$ と $\ln|G(k)|$ の形状に対する DFT 結果と考えて差し支えない。声道フィルタの振幅特性，すなわちスペクトル包絡を表す $\ln|H(k)|$ は，緩やかな形状をもつ。このため，低周波数で構成され，ケプストラムの低域に現れる。

一方，音源の振幅特性，すなわち微細構造を表す $\ln|G(k)|$ は，急峻な形状をもつ。このため，高周波数で構成され，ケプストラムの高域に分布する。したがって，ケプストラムの低域部だけを抽出（この操作を**リフタリング**（liftering）と呼ぶ）し，これをフーリエ変換すれば，スペクトル包絡が得られる。ただし，ケプストラムも $N/2$ を中心に偶対称の性質をもつことに注意しよう。

男声「え」に対してリフタリングを実行し，スペクトル包絡を得た例を**図 2.13**に示す。ここで，音声は 16 kHz サンプリング[†]で，DFT 分析のフレーム長は512 とした。また，リフタリングで抽出する低域部は 26 サンプルとした。振幅スペクトル，ケプストラムは偶対称信号となるので，図では，その半分だけを表示している。また，最後のスペクトル包絡は横軸を周波数〔Hz〕として表示し

[†]　サンプリング周波数 16 kHz でサンプリングすること。

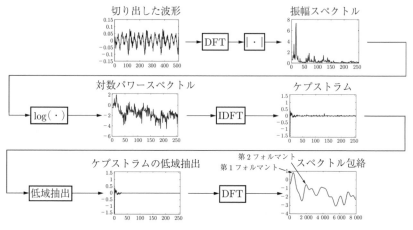

図 **2.13** ケプストラム分析の例（音声「え」を分析した結果）

た。結果の第 1 フォルマントが約 500 Hz，第 2 フォルマントが約 2 000 Hz なので，図 2.10 の分布より，母音「え」であることが推測できる。

スペクトル包絡は，音源に音色を与え，「あ」や「い」などの特徴を付加している。よって，ケプストラムは，特に音声の自動認識に積極的に利用されている。

音声認識では，周波数を等間隔ではなく，人間の聴覚を模擬した，**メル尺度**（mel scale）と呼ばれる非線形尺度に変換してからケプストラムを計算する。これを**メルケプストラム**（mel cepstrum）と呼ぶ。周波数 f〔Hz〕からメル尺度への変換式は，以下のようにいくつか提案されている。

$$m_1(f) = 1\,127.010\,480 \ln\left(\frac{f}{700} + 1\right) \tag{2.14}$$

$$m_2(f) = 1\,442.695\,04 \ln\left(\frac{f}{1\,000} + 1\right) \tag{2.15}$$

$$m_3(f) = 1\,046.559\,94 \ln\left(\frac{f}{625} + 1\right) \tag{2.16}$$

ただし，いずれも 1 000 Hz が 1 000 メルに対応するように決められている。式(2.14)～(2.16) による変換結果を**図 2.14** にプロットしておく。ここで，横軸が周波数 f，縦軸がメル尺度である。

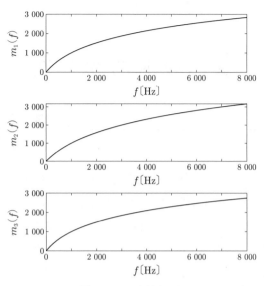

図 **2.14** メル尺度の例

3 スペクトログラム

Next SIP

　観測信号に対して，1.6節で触れたSTFT（短時間フーリエ変換）を適用する場合を考える。垂直方向を周波数として，得られた振幅スペクトルを輝度として表現し，これを水平方向に時系列に並べたものを**スペクトログラム** (spectrogram) と呼ぶ。スペクトログラムを用いれば，音の周波数成分の時間的な変化を，視覚的に確認することができる。本章では，スペクトログラムのつくり方について述べる。また，スペクトログラムの応用技術として，画像から音を生成する方法と，その適切な位相スペクトルの生成法，そして，音で任意のスペクトログラムを描画する方法について述べる。

3.1　スペクトログラムの生成

　スペクトログラムを作成するには，STFTの各フレームにおけるDFT結果から，絶対値（振幅スペクトル）を取得する。これを輝度とみなして，周波数ごとに垂直方向に並べる。ここで，振幅スペクトルの2乗（**パワースペクトル** (power spectrum)），あるいはその対数（対数パワースペクトル）を輝度とすることもある。通常は，下端を直流（0 Hz），上端をナイキスト周波数（サンプリング周波数の半分）として，上方ほど高い周波数を割り当てる。以降では，スペクトログラムを生成する方法について述べる。

3.1.1　オーバラップとスペクトログラム
　図 3.1 のように，STFTにおいて，あるフレームのDFT結果から，スペク

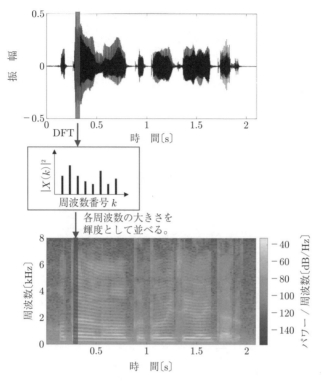

図 3.1 STFT を実施し，そのパワースペクトルを
輝度として周波数ごとに並べたスペクトログラム

トログラムの一つの列が生成される。各フレームにおいても同様の操作を行う。
すべてのフレームの結果を時系列に並べれば，スペクトログラムが完成する。

よって，STFT で実行される DFT の数だけスペクトログラムの列が生成さ
れることがわかる。これは，分析フレームにオーバラップがあれば，それだけ
スペクトログラムの列数が増えることを意味する。

一般的に，オーバラップは，1/2, 3/4, 7/8, 15/16, ⋯ などで実行される。
これを $(V-1)/V$ と書けば，**フレームシフト**（frame shift，分析フレームを
シフトする量）が，フレーム長の $1/V$, $V=1, 2, \cdots$ ということである。こ
れを **$1/V$ シフト**と呼ぶ。

フレーム長を N として，分析対象の信号の長さを $L=2N$ としよう。分析

フレームのオーバラップがなければ，STFT における DFT 回数は 2 回で，スペクトログラムは 2 列となる。一方，ハーフオーバラップ（1/2 シフト）では，DFT 回数は 3 回となり，スペクトログラムは 3 列となる。

この様子を**図 3.2** に示す。図からわかるように，スペクトログラムの列数は，V の増加（フレームシフト $1/V$ の減少）に対応して大きくなる。また，$1/V$ シフトに対して，スペクトログラムの列数は $V(L/N-1)+1$ となる。

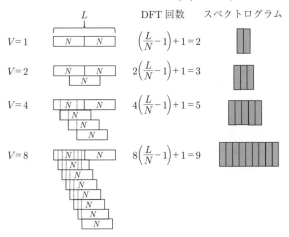

図 3.2　オーバラップとスペクトログラムの列数との関係

例題 3.1

フレーム長 512，1/4 シフトで STFT を実行し，スペクトログラムを作成する。信号の長さが 10 752 サンプルのとき，スペクトログラムの列数はいくつになるか。

【解答】　$V(L/N-1)+1 = 4(10\,752/512-1)+1 = 81$ より，81 列のスペクトログラムとなる。　■

3.1.2　スペクトログラムの行列表現

フレーム番号 l における k 番目の周波数スペクトルを $X_l(k) = |X_l(k)|e^{j\angle X_l(k)}$ としよう。ただし，$0 \le k < N$ であり，N は DFT の**フレーム長**（frame length）

である。また，全フレームの数を L として，$0 \leq l < L$ としておく。振幅スペクトル $|X_l(k)|$ を輝度に変換した値を $G_l(k)$ とする。

輝度 $G_l(k)$ の設計には自由度がある。振幅スペクトルをそのまま輝度にする場合には

$$G_l(k) = |X_l(k)| \tag{3.1}$$

であり，パワースペクトルを輝度にする場合は

$$G_l(k) = |X_l(k)|^2 \tag{3.2}$$

となる。また，対数パワースペクトルを輝度にするならば

$$G_l(k) = \log |X_l(k)|^2 \tag{3.3}$$

となる。広く用いられているのは，式 (3.3) の対数パワースペクトルである。スペクトログラムを $\left(\dfrac{N}{2} + 1 \right) \times L$ の行列 $\boldsymbol{P}$ で表すと

$$\boldsymbol{P} = [\boldsymbol{p}_0,\ \boldsymbol{p}_1,\ \cdots,\ \boldsymbol{p}_{L-1}] \tag{3.4}$$

$$\boldsymbol{p}_l = \left[G_l \left(\frac{N}{2} \right),\ G_l \left(\frac{N}{2} - 1 \right),\ \cdots,\ G_l(0) \right]^T \tag{3.5}$$

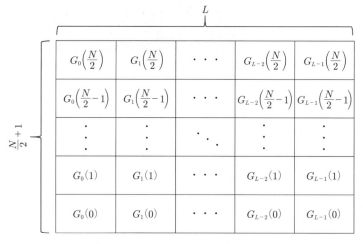

図 **3.3** スペクトログラムの行列表現

と書ける。スペクトログラムの行列表現を**図 3.3** に示す。ここで，振幅スペクトルは $k = N/2$ を中心に偶対称となるので，$G_l(0)$, $G_l(1)$, $\cdots$, $G_l(N/2)$ までを行列表現している。

例として，サンプリング周波数 $F_s = 16$ 〔kHz〕の音声信号に対して，式 (3.1)～(3.3) でスペクトログラムをそれぞれ作成した結果を**図 3.4** に示す。ここで，DFT のフレーム長を $N = 512$ とし，1/2 シフト，つまりハーフオーバラップで分析した。各スペクトログラムの上端の周波数は，$F_s/2 = 8$〔kHz〕となる。図より，音声波形を構成する周波数成分の時間変化が，視覚的に確認できる。

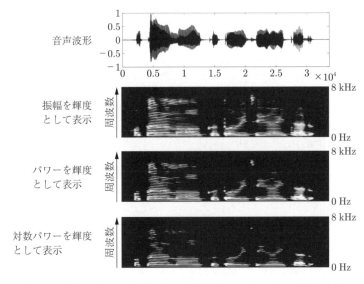

図 3.4 振幅，パワー，対数パワーを輝度としたスペクトログラムの例

3.2　スペクトログラムからの音合成

スペクトログラムから音を合成するには，各列の輝度を振幅スペクトルに戻し，IDFT を実行する。ただし，スペクトログラムには位相スペクトルが含まれないので，位相スペクトルは別途準備しておく必要がある。以下では位相スペクトルと合成音との関係について述べる。

3.2.1 位相スペクトルによる合成音の違い

もとの音声の位相スペクトルが入手できる場合，当然ながら，スペクトログラムからもとの音声を合成できる。一方，位相スペクトルを独自に用意しなければならない場合，音声の位相スペクトルを乱数で設定することが考えられる。しかし，位相スペクトルを乱数にして，スペクトログラムから音声を合成すると，不自然な音声として知覚される。また，極端な例として，位相スペクトルをすべて 0 にすると，合成音において，各分析フレームの開始点にパルスが発生しやすくなり，耳障りな音が合成される。ただし，いずれの場合でも，音声の内容をある程度理解することは可能である。

位相スペクトルを独自に用意して，図 3.4 のスペクトログラムから合成した

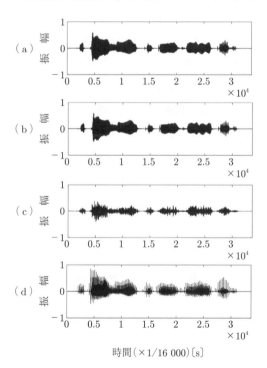

時間 $(\times 1/16\,000)\,\text{(s)}$

図 **3.5** スペクトログラムから合成した音声波形 ((a) 原音声，(b) 原音声の位相スペクトルを利用した結果，(c) 位相スペクトルを 0 から 2π の一様乱数とした結果，(d) 位相スペクトルを 0 とした結果)

音声波形を**図 3.5** に示す。ここで，図 (a) は原音声，図 (b) は原音声の位相スペクトルを利用した結果，図 (c) は位相スペクトルを 0 から 2π の一様乱数とした結果，図 (d) は位相スペクトルを 0 とした結果である。結果から，図 (b) はもとの音声信号となるが，図 (c)，(d) ではもとの波形に比べて劣化していることがわかる。これより，位相スペクトルも音声の復元には重要な役割を果たしていることがわかる。

　ノイズ除去や音源分離の分野においても，位相スペクトルの選択により，推定音声の音質が劣化することが指摘されている。

3.2.2　反復位相復元

　分析フレームをオーバラップさせてスペクトログラムを作成した場合，スペクトログラムだけを用いて位相スペクトルを自動的に復元する方法[1] が知られている。これは，1.6.3 項で概略を述べた，STFT の冗長性を利用する方法で，反復位相復元と呼ばれている。反復位相復元では，オーバラップ加算において，矛盾のない位相スペクトルを形成することが目的であり，もとの位相スペクトルが得られるとは限らない。

　反復位相復元のフローを**図 3.6** に示す。また，各手順を以下に説明する。初期条件として，原音声から，各フレームがオーバラップするように信号を切り出し，STFT によって作成されたスペクトログラムが与えられているとする。また，位相スペクトルは未知とする。

1. スペクトログラムの各列から振幅スペクトルを取り出し，位相スペクトルを乱数で与えて，複素スペクトル列を作成する。

2. ISTFT により音声波形を得る。

3. 得られた信号に対して，STFT を実行する。

4. 新たに得られた振幅スペクトルを，1. の振幅スペクトルに修正し，位相スペクトルはそのまま保持する。

5. ISTFT により音声波形を得る。

6. 3. から 5. を反復する。

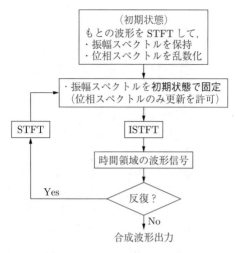

図 **3.6**　位相スペクトルの復元手順

　反復のたびに位相スペクトルのみが更新される。更新後，4. から作成できる
スペクトログラムが，1. のスペクトログラムと一致すれば，オーバラップ区間
で矛盾を生じさせない位相スペクトルが生成されている。

　反復位相復元の効果を確かめるために，図に示した手順でシミュレーション
を行う。ここで，反復回数は事前に設定しておく。

　反復位相復元のシミュレーション結果を**図 3.7** に示す。ただし，初期値とし
て，位相スペクトルを 0 から 2π の一様乱数で与えた。図には，反復 1 回目，10
回目，100 回目で得られたスペクトログラムをそれぞれ示している。

　オーバラップ区間で矛盾のない位相スペクトルが得られていれば，合成音声
のスペクトログラムが，もとのスペクトログラムに近くなる。

　図からわかるように，反復 1 回目のスペクトログラムでは，各スペクトルが
周波数方向に広がっており，全体にぼやけたような印象となっている。反復 10
回目のスペクトログラムでは，各スペクトルの広がりが抑えられており，やや
鮮明な印象を与える。そして，反復 100 回のスペクトログラムでは，より鮮明
な印象となり，もとのスペクトログラムにかなり近づいている。これは，推定
された位相スペクトルにより，オーバラップ区間がうまく接続されていること

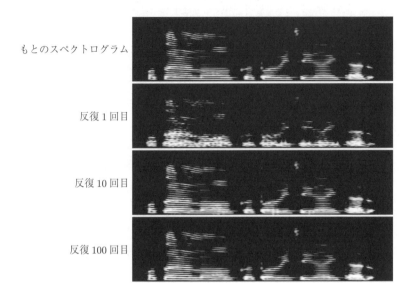

もとのスペクトログラム

反復 1 回目

反復 10 回目

反復 100 回目

図 3.7 反復位相復元により得られたスペクトログラム
（位相スペクトルの初期値を一様乱数とした）

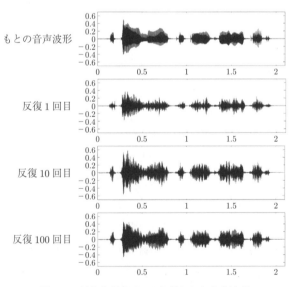

もとの音声波形

反復 1 回目

反復 10 回目

反復 100 回目

図 3.8 反復位相復元により得られた音声波形

を示している。

図 3.7 の結果に対応する音声波形を**図 3.8** に示す。反復を増やすごとに，音声波形が徐々に滑らかになる様子が確認できる。ただし，復元された位相スペクトルは，もとの位相スペクトルになるとは限らないため，多くの場合，合成音の波形は，もとの波形に一致しない。

3.3 画像の音変換

本節では，スペクトログラムを応用し，画像を音として聞く技術について説明する。

3.3.1 画像音響変換

スペクトログラムは，音の変化を視覚的に確認するための有効な手段である。一方，スペクトログラムを，単なる画像ととらえることもできる。よって，一般的な画像をスペクトログラムとみなして，ISTFT を適用すれば，画像から音を生成することができる。本書では，この技術を**画像音響変換**（image to sound conversion）と呼ぶ。

画像音響変換は，vOICe（Oh! I see!と発音するとのこと）と呼ばれる製品に応用され，視覚障害者の歩行支援に役立っている[4]。vOICe は，サングラスに取り付けられた小型カメラで前方の風景をとらえ，その画像から合成した音をユーザに提供するシステムである。画像から合成した音だけを聞いて，もとの画像を想像することは難しい。しかし，合成音を聞く訓練を続ければ，周囲

カメラ

画像音響変換して
合成音を耳へ

図 3.9 視覚障害者向けデバイス
vOICe のイメージ

の状況をある程度把握できるようになることが報告されている。

vOICe のイメージを**図 3.9** に示す。視覚障害者は，サングラス上のカメラで取得した画像を音として聞き，周囲の景色を把握する。

3.3.2 画像からの合成音生成

画像音響表現法では，画像をスペクトログラムとみなすため，各画素値によって振幅スペクトルが決定される。一方，位相スペクトルは定義されていないので，その設定には自由度がある。ここでは，位相スペクトルを乱数で与える場合を考える。

まず，**図 3.10** に示すように，画像 $\boldsymbol{P}$ を行列として表現する。ここで，$\boldsymbol{P}$ のサイズを $K \times L$ としている。また，$p_{k,l}, 0 \leq k < K, 0 \leq l < L$ は，それぞれ座標 (k, l) における輝度である。輝度が 8 ビットで与えられる場合，$p_{k,l}$ は，$0 \leq p_{k,l} \leq 255$ の整数となる。

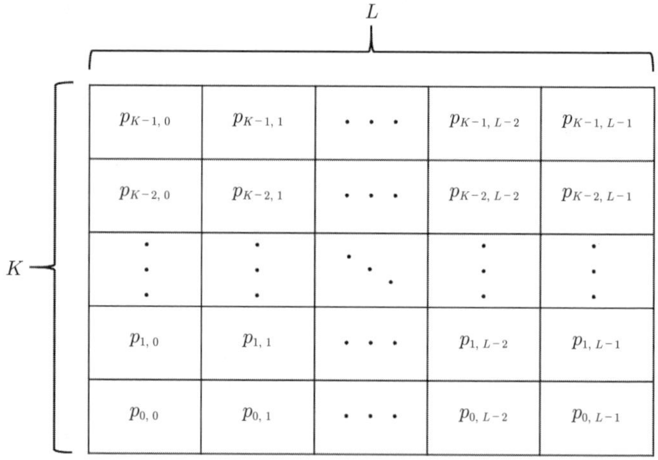

	$p_{K-1, 0}$	$p_{K-1, 1}$	$\cdots$	$p_{K-1, L-2}$	$p_{K-1, L-1}$
	$p_{K-2, 0}$	$p_{K-2, 1}$	$\cdots$	$p_{K-2, L-2}$	$p_{K-2, L-1}$
	$\vdots$	$\vdots$	$\ddots$	$\vdots$	$\vdots$
	$p_{1, 0}$	$p_{1, 1}$	$\cdots$	$p_{1, L-2}$	$p_{1, L-1}$
	$p_{0, 0}$	$p_{0, 1}$	$\cdots$	$p_{0, L-2}$	$p_{0, L-1}$

図 3.10　画像 $\boldsymbol{P}$ の行列表現

画像から音を生成する手順は以下のとおりである。

1. サイズ $K \times L$ の画像に対し，横軸をフレーム，縦軸を周波数とみなす。そして，各座標の画素値 $p_{k,l}, 0 \leq k < K, 0 \leq l < L$ を振幅スペクトル

$|S_l(k)|$ に対応させる[†1]。

2. 画像の 0 列目の画素値を振幅スペクトル $|S_0(k)|$，乱数を位相スペクトル $\angle S_0(k)$ とする[†2]。

3. 振幅スペクトルを偶対称，位相スペクトルを奇対称に拡張し，以下のように $2K$ 個の複素スペクトルを作成する。

$$
S_0(k) = \begin{cases} |S_0(k)| \exp(j\angle S_0(k)), & 0 \le k < K \\ 0, & k = K \\ |S_0(2K - k)| \exp(-j\angle S_0(2K - k)), & K < k < 2K \end{cases}
\tag{3.6}
$$

4. 複素スペクトル $S_0(k), 0 \le k < 2K$ を IDFT して，時間領域の信号

$$
s_0(m) = \mathrm{IDFT}[S_0(k)], \quad 0 \le m < 2K
\tag{3.7}
$$

を作成する。これが 0 フレーム目の音信号となる。

5. 1 列目に対しても同じ操作を行い $S_1(k), 0 \le k < 2K$ を作成する。$S_1(k)$ の IDFT により

$$
s_1(m) = \mathrm{IDFT}[S_1(k)], \quad 0 \le m < 2K
\tag{3.8}
$$

として，1 フレーム目の音信号 $s_1(m), 0 \le m < 2K$ を得る。

6. 画像の 3 列目以降も同じ処理を行い，最後の列まで繰り返す。

0 フレーム目から $L-1$ フレーム目までのすべての音信号を順番に並べたものが合成音 $s(n)$ となる。画像 $\boldsymbol{P}$ の第 l 列から音信号 $s_l(m), m = 0, 1, \cdots, N-1$ を得たとき，時刻 $n, n = 0, 1, \cdots$ の合成音 $s(n)$ との対応を明確にしておく。$s(n) = s_l(m)$ のとき，$n = 2Kl + m, 0 \le l < L, 0 \le m < 2K$ の関係が成立するので，n を l と m で表現すれば

$$
s(2Kl + m) = s_l(m) = \mathrm{IDFT}[S_l(k)] = \frac{1}{2K} \sum_{k=0}^{2K-1} S_l(k) e^{j\frac{\pi km}{K}}
\tag{3.9}
$$

[†1] 振幅スペクトルのべき乗，対数パワースペクトルなどに対応させてもよい。
[†2] 位相スペクトルの与え方により，合成音の音質は大きく変化する。

を得る。ここで，$0 \leq k < 2K$，$0 \leq m < 2K$ である。整数 $2K$ はフレーム長
で，フレームの数が L だから，音信号の全体の長さは，$M = LN = 2KL$ とな
る。ただし，音信号を合成する際に，各フレームのオーバラップはないものと
する。

3.3.3 合成音のスペクトログラム

合成した音信号からスペクトログラムを作成すると，もとの画像が得られる。
時刻 $n = 2Kl + m$ における合成音を，$s(n) = s_l(m)$, $0 \leq l < L$, $0 \leq m < 2K$
と書くと，スペクトログラムの座標 (k, l) における輝度 $q_{k,l}$ は，つぎのように
計算できる。

$$q_{k,l} = \left| \sum_{m=0}^{2K-1} s_l(m) e^{-j\frac{\pi k}{K} m} \right| \tag{3.10}$$

ここで，$0 \leq k < K$ である。振幅スペクトルの偶対称性から，スペクトログラ
ムは，$q_{k,l}$, $0 \leq k < K$ によって生成する。

図 3.11 に，256×256 のグレー画像から，オーバラップを含まない ISTFT に
より合成した音の波形を示す。条件より，$L = K = 256$ である。また，第 l 列の

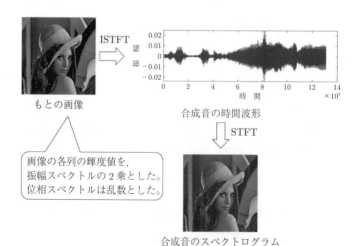

もとの画像

合成音の時間波形

画像の各列の輝度値を，
振幅スペクトルの 2 乗とした。
位相スペクトルは乱数とした。

合成音のスペクトログラム

図 3.11　画像から音信号を作成

k 番目の画素値を $p_{k,l} = |X_l(k)|^2$ と対応させた（$0 \le k \le 255,\ 0 \le l \le 255$）。ここで，位相スペクトルは乱数で設定した。図には，生成された合成音の波形と，そのスペクトログラムを示している。結果から，もとの画像とほぼ同一のスペクトログラムが得られていることが確認できる。

3.3.4　オーバラップを含む場合の合成音

ISTFT で画像から音信号を合成する際に，オーバラップが含まれるとどうなるであろうか。

オーバラップが含まれると，各フレームで合成された時間波形が，重複部で加算される。結果として，各フレームの時間波形が，たがいに変形を受ける。よって，合成音からスペクトログラムを作成すると，もとの画像と一致しない。

この問題を解決するためには，スペクトログラムを保持できるような，位相スペクトルを選択する必要がある。このような位相スペクトルは，反復位相復元によって得ることができる。したがって，画像からの音合成と反復位相復元を組み合わせれば，オーバラップを含む STFT においても，適切な音信号を合成することができる。

もとの画像

・ハーフオーバラップで音信号を合成。
・反復位相復元を利用。
・合成音のスペクトログラムを確認。

合成音のスペクトログラム

反復なし　　　　　10 回反復結果　　　　100 回反復結果

図 3.12　画像からハーフオーバラップによる
STFT で音信号を合成した結果

標準画像に対し，ハーフオーバラップによる ISTFT で合成音を作成した。た
だし，位相スペクトルの初期値を乱数で設定し，反復位相復元により，位相ス
ペクトルを更新した，結果を**図 3.12** に示す。結果からわかるように，オーバ
ラップが含まれる場合，単純に音信号を合成すると，そのスペクトログラムは，
もとの画像に比べて劣化している。一方，反復位相復元を利用すれば，反復が
進むごとに，徐々に合成音のスペクトログラムの画質が改善することがわかる。

3.3.5 ISTFT 以外でつくる画像の音

図 3.11 や図 3.12 の例では，画像の下端を直流（0 Hz）として，DFT のスペ
クトルに対応させたが，このような制約をとりはずすことも可能である。例え
ば，各輝度を任意の正弦波の最大振幅に対応させれば，ISTFT を用いずとも，
より直接的に音を合成することが可能である。さらに，画像 1 列分の音の長さ
も任意に設定できるので，合成される音の全体の長さも自由に決定できる。

図 3.13 に，簡単な例を示す。図において，左上の格子模様を画像とする。こ
こで，垂直方向に四つの周波数 10 Hz, 20 Hz, 50 Hz, 100 Hz を割り当て，水

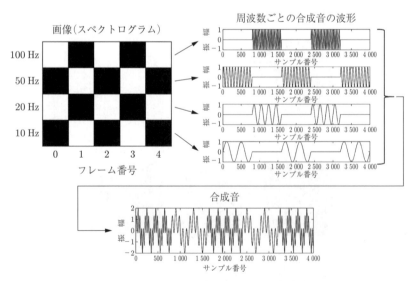

図 3.13 ISTFT を用いずに画像から音を作成する例

平方向にフレーム番号を割り当てる。そして，黒い部分を 1，白い部分を 0 として，正弦波の振幅に対応させる。

サンプリング周波数を 4 kHz，各フレームの長さを 800 サンプル（800/4 000 = 0.2 s）とし，正弦波の初期位相をすべて 0 としよう。周波数ごとに正弦波信号を生成した波形を図の右上に示す。ここで，5 フレームの合成なので，それぞれ 1 秒間の波形となる。画像からの最終的な合成音は，これらの波形の和であり，下段の図に示している。ただし，合成音の波形は，初期位相の値によって異なることに注意が必要である。

3.3.1 項で紹介した vOICe では，サングラスに取り付けられたミニチュアカメラで撮像した 64×64 の画像を，ISTFT を用いずに，1.05 s の合成音に変換する。ここで，最小と最大の周波数に，50 Hz と 5 kHz をそれぞれ割り当て，隣接画素の周波数幅を，$4\,500/63 \approx 71.4$ Hz としている。この場合，視覚障害者が，約 1 s ごとに再生される音を聞いて，障害物を避けて歩行したり，壁の有無を検知できることが報告されている。

3.4 音で画像を描く

画像をスペクトログラムとみなして，音を生成する方法について述べた。ここでは，逆に，音でスペクトログラムを能動的に描画する方法について考える。この技術の応用は少ないと思われるが，音とスペクトログラムの関係をより深く洞察するきっかけになることを期待する。

3.4.1 垂直線の描画

まず，スペクトログラム上に垂直線を引く方法について述べる。

分析フレーム内に一つだけ値をもつような，つぎのインパルス信号を考えよう。

$$x(n) = \delta(n - P) = \begin{cases} 1, & n = P \\ 0, & n \neq P \end{cases}, \quad 0 \leq n < N \tag{3.11}$$

ここで，フレーム長を N としている。また，P は，$0 \leq P < N$ を満たす任意

の整数とする。式 (3.11) の DFT は

$$X(k) = \sum_{n=0}^{N-1} \delta(n-P)e^{-j\frac{2\pi kn}{N}} = e^{-j\frac{2\pi kP}{N}} \tag{3.12}$$

となる。ここで，$0 \leq k < N$ である。これより，$|X(k)| = 1$ となり，振幅スペクトルは周波数番号 k によらず 1 であることがわかる。すなわち，インパルス信号は，スペクトログラム上に垂直線として現れる。

$K \times L$ の画像をスペクトログラムと考えると，STFT における各フレーム長は $N = 2K$ である。また，フレーム数は L なので，対応する音信号の長さは LN となる[†]。

l 列目に垂直線を引く場合は，$x(n) = \alpha\delta(n-lN)$ とすればよい。ここで，α は，輝度を調整するための係数である。また，複数の垂直線を引く場合は，インパルス信号の和とすればよい。

具体的に，$K = L = 256$ の画像を考えよう。50 列目，100 列目，150 列目に垂直線を引く場合，時間領域の信号は以下となる。

$$x(n) = 0.5\delta(n-50N) + 0.7\delta(n-100N) + \delta(n-150N) \tag{3.13}$$

ここで，$N = 2K = 512$ である。また，垂直線の輝度が徐々に大きくなるように，振幅をそれぞれ，0.5，0.7，1.0 に設定している。

式 (3.13) を STFT し，スペクトログラムを作成した。結果を**図 3.14** に示す。ただし，振幅スペクトル $|X(k)|$ を輝度として表示している。結果から，スペクトログラム上の指定した列（50, 100, 150）に垂直線が引かれていることが確認できる。また，その輝度は，式 (3.13) で設定した，インパルスの振幅に対応している。一方，一つの分析フレーム内にインパルスが二つ以上含まれると，垂直線の効果は正しく得られない。

例として，同じフレーム番号 50 に，インパルスが三つ含まれる信号

$$x(n) = 0.5\delta(n-50N) + 0.7\delta\{n-(50N+N/8)\}$$
$$+ \delta\{n-(50N+N/4)\} \tag{3.14}$$

[†] STFT においてオーバラップは含めないこととする。

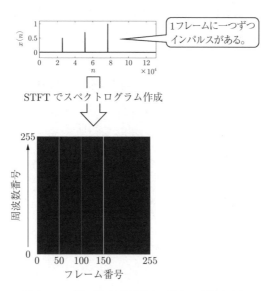

図 3.14 インパルス信号はスペクトログラム上に
垂直線を描く

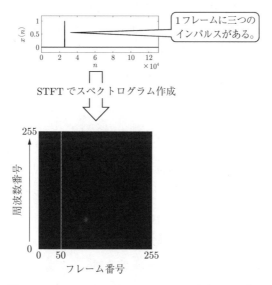

図 3.15 1 フレームにインパルスが三つ含まれる場合の
スペクトログラム

を考える。これを STFT し，振幅スペクトルを輝度として，スペクトログラム
を作成した。結果を**図 3.15** に示す。図から，垂直線が実線ではなく，破線の
ようになっていることがわかる。

　よって，スペクトログラム上に，垂直線を実線として引く場合，隣接するイ
ンパルスの時間間隔は，$N = 2K$ 以上でなければならない。

3.4.2 水平線の描画

サイズ $K \times L$ のスペクトログラムにおける水平方向の直線を考える。水平方
向の直線は，ある周波数をもつ正弦波が STFT の全区間で存在すれば描くこと
ができる。

　STFT の各フレーム長を $N = 2K$ とすれば

$$x(n) = \beta \sin\left(\frac{2\pi k}{N}n\right) = \beta \sin\left(\frac{\pi k}{K}n\right) \tag{3.15}$$

のような単一正弦波が，スペクトログラム上で水平方向の直線を与える。ただ
し，k は周波数番号で，$0 \leq k < K$ である。また，β は正弦波の振幅で，輝度
の強さを調整するパラメータとなる。複数の水平線を引くには，正弦波の和で
信号を作成すればよい。

　例として，つぎの信号から，$K = L = 256$ としたスペクトログラムを作成し
てみよう。

$$x(n) = 0.5 \sin\left(\frac{\pi k_1}{256}n\right) + 0.7 \sin\left(\frac{\pi k_2}{256}n\right) + \sin\left(\frac{\pi k_3}{256}n\right) \tag{3.16}$$

ここで，$k_1 = 64$，$k_2 = 128$，$k_3 = 192$ とした。また，$N = 2K = 512$ であ
り，信号 $x(n)$ の長さは，$NL = 512 \times 256 = 131\,072$ サンプルである。

　結果のスペクトログラムを**図 3.16** に示す。図からわかるように，指定した
周波数番号 64，128，192 に水平線が描かれていることがわかる。また，振幅
に応じて，輝度が変化している様子も確認できる。

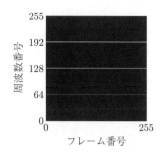

図 **3.16**　正弦波信号に
よりスペクトログラム
上に水平線を描いた例

3.4.3　点 の 描 画

スペクトログラム上において，座標 (k, l) の点に輝度を与えるためには，持
続時間が 1 フレームちょうど $(N = 2K)$ となる短い正弦波を使用すればよい。

点を描画する信号として，$x(n)$ を $x_l(m)$ と書くことにする。ここで，時刻 n
を $n = 2Kl + m$ のように，フレーム番号 $l, 0 \leq l < L$ と，分析フレーム内のサ
ンプル番号 $m, 0 \leq m < N$ に対応させる。座標 (k, l) に点を描画する信号は

$$x(2Kl + m) = x_l(m) = \gamma \sin\left(\frac{\pi k}{K}m\right), \quad 0 \leq m < 2K \qquad (3.17)$$

となる。ここで，γ は正弦波の振幅であり，輝度を調整するパラメータである。

正弦波状に変化する曲線をスペクトログラム上に描くならば，つぎのような
信号を生成すればよい。

$$x_l(m) = \sin\left(\frac{\pi k(l)}{K}n\right) \qquad (3.18)$$

$$k(l) = C + A \sin\left(\frac{2\pi F l}{L}\right) \qquad (3.19)$$

ここで，C, A, F は，垂直方向の中心位置，描画したい正弦波の振幅，スペク
トログラム上の周期の数である。すなわち，スペクトログラム上に F 周期の正
弦波が描かれる。

式 (3.18)，(3.19) に従い，$K = L = 256$，$C = 128$，$A = 64$，$F = 1$ とし
て信号を生成した。STFT により作成したスペクトログラムを**図 3.17** に示す。
結果から，設計どおりの正弦波が描かれていることがわかる。

このように，STFT を介して，画像から意外な音が生じ，音から意外な画像

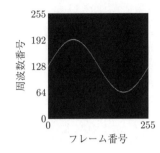

図 3.17 スペクトログラム上に
正弦波の波形を描画した例

が生じる。両者の関係を見きわめ，新しい技術が生まれることに期待する。

周波数分析に基づく
ノイズ除去

本章では，STFT を用いた周波数分析に基づき，不要な信号を除去する方法について述べる。最初に，マイクロホンを一つとし，統計的性質が変化しないノイズを，音声から除去する方法を説明する。最も単純な方法として，**スペクトル減算法**（spectral subtraction）を説明し，ついで，**ウィーナーフィルタ**（Wiener filter），**MAP**（maximum a posteriori）**推定法**について述べる。つぎに，マイクロホンを二つ用いて，二つの音声を分離する方法を説明する。ここでは，**バイナリマスキング**（binary masking）と呼ばれる単純な手法により，音源のスペクトルを分離する。

4.1 単一マイクロホンによるノイズ除去システム

本節では，**図 4.1** に示すように，マイクロホンを一つだけ使用するノイズ除去システムを考える。環境ノイズが除去できれば，より円滑なコミュニケーションが可能となる。ただし，観測される音声とノイズは無相関とする。以下では，ノイズ除去の統一的な考え方として，**スペクトルゲイン**（spectral gain）を導入する。その後，具体的に各手法の説明を行う。

4.1.1 スペクトルゲインによるノイズ除去

STFT における分析フレーム長を N とし，第 l フレームにおいて，窓関数で切り出した音声とノイズをそれぞれ，$s_l(n)$, $d_l(n)$ と表現する。ここで，$0 \leq n < N$ である。また，観測信号が，$x_l(n) = s_l(n) + d_l(n)$ のように，音声とノイズの

環境ノイズ

ノイズ除去後の音声で通話

使用するマイクロホンは一つにする。

図 4.1 単一マイクロホンによるノイズ除去システムを
利用している場面

和であるとしよう。

観測信号 $x_l(n)$ に DFT を適用し，**観測スペクトル**（observed spectrum）$X_l(k), 0 \leq k < N$ を得る。DFT は**線形変換**（linear transformation）なので，つぎのように，それぞれの信号の DFT の和となる。

$$
\begin{aligned}
X_l(k) &= \sum_{n=0}^{N} x_l(n)e^{-j\frac{2\pi k}{N}n} \\
&= \sum_{n=0}^{N} (s_l(n) + d_l(n))e^{-j\frac{2\pi k}{N}n} \\
&= \sum_{n=0}^{N} s_l(n)e^{-j\frac{2\pi k}{N}n} + \sum_{n=0}^{N} d_l(n)e^{-j\frac{2\pi k}{N}n} \\
&= S_l(k) + D_l(k)
\end{aligned}
\tag{4.1}
$$

ここで，$S_l(k)$ は**音声スペクトル**（speech spectrum），$D_l(k)$ は**ノイズスペクトル**（noise spectrum）であり，それぞれ $s_l(n)$, $d_l(n)$ の DFT である。

ノイズ除去を実現するために，$X_l(k)$ に，ある複素数 $G_l(k)$ を乗じて，音声スペクトル $S_l(k)$ を抽出する方法を考える。すなわち，音声スペクトルの推定値を $\hat{S}_l(k)$ とすると

$$
\hat{S}_l(k) = G_l(k)X_l(k)
\tag{4.2}
$$

である。ここで，$G_l(k)$ は，スペクトルゲイン，**スペクトル重み** (spectral weight)，
音声スペクトル推定器（speech spectral estimator），フィルタなど多様な呼
称が存在するが，本書ではスペクトルゲインで統一する。

スペクトルゲインによるノイズ除去手順の概要を**図 4.2** に示す。図に示すよ
うに，スペクトルゲイン $G_l(k)$ は，音声 $S_l(k)$ とノイズ $D_l(k)$ の和として得ら
れた $X_l(k)$ から，$S_l(k)$ の部分だけを取り出す役割を果たす。図では，単純に音
声とノイズの和として $X_l(k)$ の振幅が大きくなるような表現をしている。しか
し，実際は複素数の和となるので，必ずしも振幅が大きくなるわけではない†。

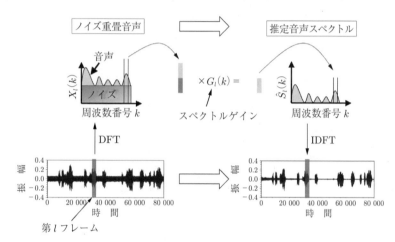

図 4.2 スペクトルゲインによるノイズ除去（観測スペ
クトル $X_l(k)$ にスペクトルゲイン $G_l(k)$ を乗じるこ
とで音声スペクトル $\hat{S}_l(k)$ を得る）

例題 4.1

第 l フレームにおける周波数番号 k の観測信号スペクトルが，$X_l(k) =$
$S_l(k) + D_l(k)$ で与えられるとする。ここで，$S_l(k)$，$D_l(k)$ はそれぞれ音
声スペクトル，ノイズスペクトルである。また，推定音声スペクトルを

---

† 例えば，$S_l(k) = 3e^{-j2\pi k/N}$, $D_l(k) = 2e^{-j(2\pi k/N + \pi)}$ のとき，$X_l(k) = S_l(k) +$
$D_l(k) = e^{-j2\pi k/N}$ となり，観測信号の振幅のほうが小さくなる。

$\hat{S}_l(k) = G_l(k)X_l(k)$ とする。$\hat{S}_l(k) = S_l(k)$ となるとき，スペクトルゲイン $G_l(k)$ を，$S_l(k)$ と $D_l(k)$ で表せ。

【解答】 $G_l(k)X_l(k) = G_l(k)(S_l(k) + D_l(k)) = S_l(k)$ であるから，$G_l(k) = \dfrac{S_l(k)}{S_l(k) + D_l(k)}$ となる。これがノイズ除去における理想的なスペクトルゲインである。∎

図 4.2 のフローをブロック図で示せば，**図 4.3** のようになる。単一マイクロホンを用いたノイズ除去法は，このように一般化して表現することができる。理想的なスペクトルゲインを $X_l(k)$ と $D_l(k)$ で表すと

$$G_l^{(\mathrm{opt})}(k) = \frac{S_l(k)}{S_l(k) + D_l(k)} = 1 - \frac{D_l(k)}{X_l(k)} \tag{4.3}$$

となる。ここで，$S_l(k) = X_l(k) - D_l(k)$ の関係を用いた。観測信号スペクトル $X_l(k)$ は入手できる。問題は，複素数である $D_l(k)$ が各フレームにおいて正確に得られないことである。

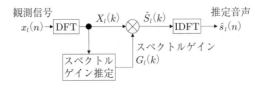

図 4.3　一般化したノイズ除去システム

各種提案されているノイズ除去法の違いは，スペクトルゲイン $G_l(k)$ の設計方法の違いとして分類できる。以降では，除去対象とするノイズが，**定常**（stationary，統計的性質が時間によって変化しない）であると仮定して議論する。

4.1.2　スペクトル減算法

1979 年に Boll によって提案されたスペクトル減算法[5] は，観測信号の振幅スペクトル $|X_l(k)|$ から，ノイズの振幅スペクトルの推定値 $|\hat{D}_l(k)|$ を減算するという方法である。スペクトル減算法では，振幅スペクトルだけを処理し，位

相スペクトルは処理しない。すなわち

$$\hat{S}_l(k) = (|X_l(k)| - |\hat{D}_l(k)|)e^{j\angle X_l(k)} \tag{4.4}$$

として，推定音声スペクトルを得る。よって，スペクトル減算法のスペクトルゲインは，$\hat{S}_l(k) = (|X_l(k)| - |\hat{D}_l(k)|)e^{j\angle X_l(k)} = G_l(k)X_l(k)$ より，次式のように書ける。

$$G_l^{(\mathrm{SS})}(k) = 1 - \frac{|\hat{D}_l(k)|}{|X_l(k)|} \tag{4.5}$$

また，スペクトル減算法を一般化して

$$G_l^{(\mathrm{SS})}(k) = \left(1 - \frac{|\hat{D}_l(k)|^\alpha}{|X_l(k)|^\alpha}\right)^{1/\alpha} \tag{4.6}$$

とする方法もある。ここで，α は正の実数であり，$\alpha = 2$ がよく用いられる。

スペクトル減算法において，重要かつ唯一の問題は，ノイズの推定値 $|\hat{D}_l(k)|$ をどのように得るかである。一つの方法として，処理開始直後の数フレームは，音声が存在しないとして，**図 4.4** のように，その区間における観測信号の平均振幅スペクトルを利用することが考えられる。例えば，最初の Q フレームをノイズ推定に利用する場合

$$|\hat{D}(k)|^\alpha = \frac{1}{Q}\sum_{l=0}^{Q-1}|X_l(k)|^\alpha \tag{4.7}$$

のようにノイズ推定値を得る。ここで，ノイズは定常と仮定しているので，$|\hat{D}(k)|$ は，処理対象のすべてのフレームにおいて同じ値を用いる。

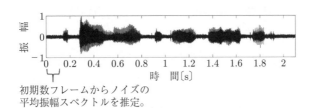

初期数フレームからノイズの
平均振幅スペクトルを推定。

図 4.4 処理開始数フレームを利用してノイズの
振幅スペクトルを推定する

図 4.5 に，スペクトル減算法のブロック図を示す。図では，1 フレームの処理，すなわち，第 l フレームにおける処理の流れを示している。ここで，観測信号は，$x_l(n), 0 \leq n < N$ の N サンプルが対象である。図のノイズ計算部では，式 (4.7) により，初期数フレームの振幅スペクトルを利用して $|\hat{D}(k)|$ を得る。初期数フレーム以降では，$|\hat{D}(k)|$ は更新せず，同じ値を用いる。

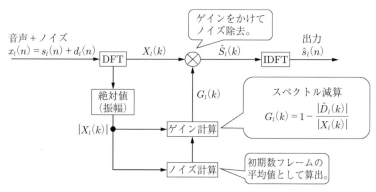

図 4.5 第 l フレームにおけるスペクトル減算法のブロック図

ノイズ除去で用いる STFT は，通常，オーバラップを伴う。よって，IDFT によって得られた $\hat{s}_l(n)$ は，過去のフレームの出力と一部が重複する。重複部は，加算することで，最終的な出力が決定される。

また，オーバラップの有無にかかわらず，STFT によるノイズ除去では，最低でも 1 フレームの遅延が生じる。これは，$x_l(0)$ に対する出力 $\hat{s}_l(0)$ を決定するために，DFT が必要であり，DFT を実行するためには，$x_l(N-1)$ を入手しなければならないからである。

サンプリング周波数を 16 kHz として，音声に白色雑音を付加し，観測信号 $x(n)$ を作成した。また，フレーム長 $N = 512$，ノイズ推定のための初期フレーム数 $Q = 4$ とし，STFT は 1/2 シフトで実行した。

観測信号に対し，$\alpha = 1$ のスペクトル減算法を実行した結果を**図 4.6** に示す。図の上段は観測信号 $x(n)$，下段はスペクトル減算の出力信号 $\hat{s}(n)$ である。結果から，ノイズ除去効果が確認できる。ただし，出力 $\hat{s}(n)$ は，観測信号 $x(n)$

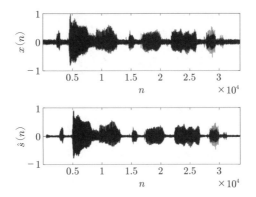

図 **4.6** スペクトル減算法の結果（上段：ノイズ除去前，
下段：ノイズ除去後）

に比べて，1 フレーム（512 サンプル）遅れている。

　スペクトル減算法でノイズ除去を行うと，**ミュージカルノイズ**（musical noise）
と呼ばれるノイズが新たに生じることが指摘されている。これは，スペクトル
の引きすぎや，引き残しが原因で生じ，人工的で耳障りな音とされている。

　図 4.7 に，ノイズ除去結果のスペクトログラムを示す。図の上段がノイズ除
去前の信号，下段がスペクトル減算法によるノイズ除去後の信号である。出力

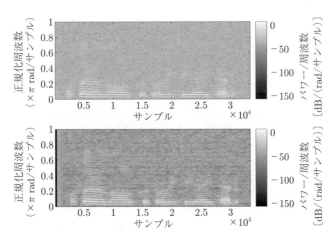

図 **4.7** スペクトル減算法の結果のスペクトログラム
（上段：ノイズ除去前，下段：ノイズ除去後）

信号の結果から，特に音声スペクトルが存在しない部分において，スペクトル
の引き残しが広く分布している様子が確認できる。このようなスペクトルの孤
立点がミュージカルノイズとして知覚される

4.1.3 ウィーナーフィルタ

ウィーナーフィルタは，古くから提案されている有用性の高いノイズ除去方
式で，現在でも音声認識システムの前処理などに用いられて活躍している。

つぎの評価関数を最小化することでウィーナーフィルタを導くことができる。

$$J_l(k) = E[|S_l(k) - G_l(k)X_l(k)|^2] \tag{4.8}$$

ここで，$E[\cdot]$ は期待値を表す。フレーム番号 l，周波数番号 k に対して，評価関
数がそれぞれ設定される。しかし，ウィーナーフィルタの導出は，いずれのフ
レーム番号，周波数番号についても共通なので，以降では，表記を簡単にする
ため，フレーム番号 l と周波数番号 k を省略し

$$J = E[|S - GX|^2] \tag{4.9}$$

のように表す。

また，スペクトルゲイン G は，**実部** (real part) G_R と**虚部** (imaginary part)
G_I により

$$G = G_\mathrm{R} + jG_\mathrm{I} \tag{4.10}$$

で与えられる複素数とする。さらに，$\sigma_s^2 = E[|S|^2]$，$\sigma_d^2 = E[|D|^2]$ とし，S と
D は無相関で $E[SD] = E[S^*D] = E[SD^*] = 0$ の関係があるとする。ここで，
$\{\cdot\}^*$ は複素共役を表す†。また，σ_s^2 は音声スペクトルの分散，σ_d^2 はノイズスペ
クトルの分散である。

---

† a, b を実数，$j = \sqrt{-1}$ とすると，$ae^{jb} = a\cos(b) + ja\sin(b)$ の関係より，ae^{jb} の複
素共役は ae^{-jb} である。

例題 4.2

式 (4.10) を式 (4.9) に代入し，J を G_R と G_I の関数として表せ。

【解答】 ある複素数 A について，$|A|^2 = AA^* = A^*A$ が成立することに注意して

$$J = E[(S - GX)(S^* - G^*X^*)]$$
$$= E[|S|^2 + |G|^2|X|^2 - GXS^* - SG^*X^*]$$

ここで，$G = G_R + jG_I$ を定数と考えて期待値の外に出す。$|G|^2 = G_R^2 + G_I^2$，$E[|X|^2] = E[|S|^2] + E[|D|^2] = \sigma_s^2 + \sigma_d^2$ を用いると

$$J = \sigma_s^2 + |G|^2 E[|X|^2] - GE[(S+D)S^*] - G^*E[S(S^* + D^*)]$$
$$= \sigma_s^2 + (G_R^2 + G_I^2)(\sigma_s^2 + \sigma_d^2) - G\sigma_s^2 - G^*\sigma_s^2$$
$$= \sigma_s^2 + (G_R^2 + G_I^2)(\sigma_s^2 + \sigma_d^2) - 2G_R\sigma_s^2 \tag{4.11}$$

を得る。　■

式 (4.11) より，J が，G_R，G_I それぞれについて，下に凸な 2 次関数であることがわかる[†]。よって，式 (4.11) を G_R，G_I で偏微分し，その結果を 0 とおけば，G_R の最適解を得ることができる。

実際に式 (4.11) を G_R で偏微分して，結果を 0 とおくと

$$\frac{\partial J}{\partial G_R} = 2G_R(\sigma_s^2 + \sigma_d^2) - 2\sigma_s^2 = 0 \tag{4.12}$$

これより，G_R の最適解

$$\hat{G}_R = \frac{\sigma_s^2}{\sigma_s^2 + \sigma_d^2} \tag{4.13}$$

を得る。同様に

$$\frac{\partial J}{\partial G_I} = 2G_I(\sigma_s^2 + \sigma_d^2) = 0 \tag{4.14}$$

[†] B, C, D, E を実数として，$J = (\sigma_s^2 + \sigma_d^2)G_R^2 + BG_R + C$，あるいは，$J = (\sigma_s^2 + \sigma_d^2)G_I^2 + DG_I + E$ と表現できる。$(\sigma_s^2 + \sigma_d^2) > 0$ より，J は，G_R についても，G_I についても，下に凸な関数である。

より，G_{I} の最適解 $\hat{G}_{\mathrm{I}} = 0$ を得る。よって，ウィーナーフィルタのスペクトルゲインは

$$G^{(\mathrm{WF})} = \hat{G}_{\mathrm{R}} + j\hat{G}_{\mathrm{I}} = \frac{\sigma_s^2}{\sigma_s^2 + \sigma_d^2} = \frac{\xi}{1 + \xi} \tag{4.15}$$

となる。ここで，$\xi = \sigma_s^2/\sigma_d^2$ は**事前 SNR**（a priori signal-to-noise ratio）と呼ばれる。ウィーナーフィルタでは，スペクトルゲイン $G^{(\mathrm{WF})}$ が実数であることから，位相スペクトルの最適解は，観測信号の位相スペクトルであると解釈される。

図 4.8 に，ウィーナーフィルタのブロック図を示す。図では，フレーム番号 l と周波数番号 k を明示している。ウィーナーフィルタを実現するには，音声スペクトルの分散 $\sigma_s^2 = E[|S|^2]$，ノイズスペクトルの分散 $\sigma_d^2 = E[|D|^2]$，あるいはそれらの比である ξ が必要となる。これらの期待値を正確に計算することはできないので，何らかの推定法が必要になる。

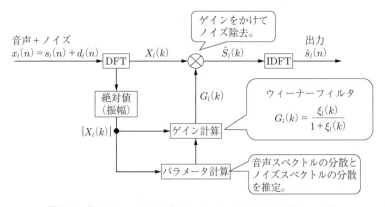

図 4.8 第 l フレームにおけるウィーナーフィルタのブロック図

4.1.4 判定指向法

ウィーナーフィルタを実現するために必要となる，σ_s^2 と σ_d^2 を計算するにはどうすればよいだろうか。まず，σ_d^2 は，ノイズのパワースペクトル（振幅スペクトルの 2 乗値）の期待値である。期待値を直接計算することは困難なので，期待値が時間平均で近似できるとして，初期の Q フレームから σ_d^2 を推定する。

つまり, 式 (4.7) において, $\alpha = 2$ として, 周波数番号 k ごとに

$$\hat{\sigma}_d^2(k) = \frac{1}{Q} \sum_{l=0}^{Q-1} |X_l(k)|^2 \tag{4.16}$$

を計算する。

一方, σ_s^2 は, 特定のフレームと特定の周波数における音声のパワースペクトルの平均値である。音声は時々刻々と変化するため, σ_s^2 は, フレーム番号 l, 周波数番号 k ごとに, それぞれ推定しなければならない。ここでは, Ephraim と Malah によって提案された, **判定指向法**[6] (decision-directed method) を用いることにする。

フレーム番号 l と周波数番号 k を明示して, ウィーナーフィルタのスペクトルゲインを以下のように書く。

$$G_l^{(\mathrm{WF})}(k) = \frac{\hat{\xi}_l(k)}{1 + \hat{\xi}_l(k)} \tag{4.17}$$

判定指向法では, $\hat{\xi}_l(k)$ を, 現在と過去の瞬時値の重み付き和として, 次式のように計算する。

$$\hat{\xi}_l(k) = \begin{cases} \beta \dfrac{|\hat{S}_{l-1}(k)|^2}{\hat{\sigma}_d^2(l,k)} + (1-\beta)(\gamma_l(k) - 1), & \gamma_l(k) > 1 \\[3mm] \beta \dfrac{|\hat{S}_{l-1}(k)|^2}{\hat{\sigma}_d^2(l,k)}, & \text{otherwise} \end{cases} \tag{4.18}$$

ここで, β は 1 以下の重み係数であり, $\beta = 0.98$ がよく利用される。また, $\gamma_l(k)$ は**事後 SNR** (a posteriori SNR) と呼ばれ, 次式で与えられる。

$$\gamma_l(k) = \frac{|X_l(k)|^2}{\hat{\sigma}_d^2(l,k)} \tag{4.19}$$

よって, 式 (4.18) の $\gamma_l(k) - 1 = \dfrac{|X_l(k)|^2 - \hat{\sigma}_d^2(l,k)}{\hat{\sigma}_d^2(l,k)} \approx \dfrac{|S_l(k)|^2}{\hat{\sigma}_d^2(l,k)}$ である。式 (4.18) では, $\gamma_l(k) - 1$ が負にならないように制限している。式 (4.18) に加え, $\hat{\xi}_l(k)$ に, 正の小さな値を下限として設けることも有用であることが報告されている。

4.2 事後確率最大化によるノイズ除去

本節では，**事後確率最大化**（maximum a posteriori, MAP）によるノイズ除去法を説明する。この方法では，**事後確率**（posteriori probability）と呼ばれる確率密度関数を最大化することで，音声スペクトルを推定する。このため，ノイズ除去というよりも，**音声強調**（speech enhancement），**音声スペクトル推定**（spectral estimation of speech）といった意味合いが強い方法である。以下では，事後確率を定義し，これを最大化することで音声が得られる原理について説明する。

4.2.1 事 後 確 率

MAP 推定法によるノイズ除去では，事後確率と呼ばれる，**条件付き確率**（conditional probability）$p(S_l(k)|X_l(k))$ を最大化することを目的とする。そして，$p(S_l(k)|X_l(k))$ を最大にする $S_l(k)$ を，推定音声スペクトルとする。

ここで，$p(\cdot)$ は確率密度関数を表しており，$p(S_l(k)|X_l(k))$ は，観測信号スペクトル $X_l(k)$ が得られたという条件下での音声の確率密度関数を表す。

ただし，以降では，必要な場合を除き，フレーム番号 l と周波数番号 k を省略して，$S_l(k)$, $X_l(k)$ などを S, X のように表記する。よって，事後確率 $p(S_l(k)|X_l(k))$ は，$p(S|X)$ のように表現される。また，S と D はたがいに独立であるとして議論する。

事後確率を理解するために，つぎの例題を考えよう。

例題 4.3

A, B を，たがいに独立で，-1 から 1 に**一様分布**（uniform distribution）する確率信号とする。$C = A + B$ において，**実現値**（value）$A = 0.5$ が得られたとき，事後確率 $p(C|A)$ を図示せよ。

【解答】 確率密度関数 $p(A)$, $p(B)$ は**図 4.9** のようになる。

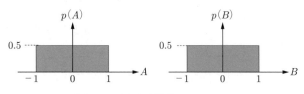

図 4.9 確率密度関数 $p(A)$, $p(B)$

ここで，$\int_{-\infty}^{\infty} p(A)dA = 0.5 \int_{-1}^{1} dA = 1$，同様に，$\int_{-\infty}^{\infty} p(B)dB = 1$ であり，いずれも式 (1.3) の確率密度関数の条件を満たしている。いま，$A = 0.5$ が得られた時点を考えているので，$C = B + 0.5$ である。よって，C の値は，B の発生の仕方，つまり $p(B)$ のみに依存して決まる。ここで，$A = 0.5$ なので，$p(C|A)$ は，$B = C - 0.5$ となる確率に等しい。これより，事後確率 $p(C|A) = p(C|0.5)$ は**図 4.10** のようになる。

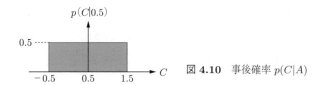

図 4.10 事後確率 $p(C|A)$

4.2.2 MAP 推 定 法

MAP 推定法は，事後確率 $p(S|X)$ を最大にする S を探索する方法である。S の推定値を $\hat{S}$ と書くと

$$\hat{S} = \arg \max_{S} [p(S|X)] \tag{4.20}$$

である。ここで，$\arg \max_{S}[p(S|X)]$ は，関数 $p(S|X)$ を最大にする引数 S を表している。

ベイズの定理 (Bayes' theorem) $p(S|X) = \dfrac{p(X|S)p(S)}{p(X)}$ を用いると，式 (4.20) は

$$\hat{S} = \arg\max_{S}\left[\frac{p(X|S)p(S)}{p(X)}\right] = \arg\max_{S}\left[p(X|S)p(S)\right] \qquad (4.21)$$

のようにも書ける。ここで，$p(X)$ は S によらない定数となるので省略することができる。

さらに，確率密度関数は指数関数でモデル化されることが多いので，式 (4.21) の右辺の自然対数[†1]をとって

$$\hat{S} = \arg\max_{S}\left[\ln\left(p(X|S)p(S)\right)\right] \qquad (4.22)$$

とする表現もよく用いられる。

式 (4.20)〜(4.22) はいずれも同じ解を与える。以降では，式 (4.22) を解いて，スペクトルゲインを求める。このためには，$p(X|S)$ と $p(S)$ を決定する必要がある。

4.2.3　MAP 推定によるウィーナーフィルタの導出

一般的な MAP 推定法の手順は，つぎの 3 段階である。

1. $p(S)$，$p(D)$ を仮定する。

2. $p(X|S)$ を求める。

3. 式 (4.22) を解く。

事後確率 $p(X|S)$ は，S が生じたという条件下での X の出現確率である。例題 4.3 でも示したように，$X = S + D$ のもとで，S と D が独立に生じるとすれば，$p(X|S)$ は，$p(D)$ の平均値を S だけシフトした関数に等しい。

音声とノイズの確率密度関数 $p(S)$，$p(D)$ をそれぞれ**ガウス分布**（Gaussian distribution）[†2]と仮定し，MAP 推定法の手順を実行すると，ウィーナーフィルタを導出できる。

まず，$p(S)$ を平均 0，分散 σ_s^2 のガウス分布とすると

[†1]　$\ln x = \log_e x$。ここで，x は正の実数，$e = 2.71828\cdots$ は自然対数の底である。

[†2]　平均 μ，分散 σ^2 のガウス分布は，$p(x) = \dfrac{1}{\sqrt{2\pi\sigma^2}}\exp\left(-\dfrac{|x-\mu|^2}{2\sigma^2}\right)$ である。また，$\displaystyle\int_{-\infty}^{\infty} p(x)dx = 1$ となる。

$$p(S) = \frac{1}{\sqrt{2\pi\sigma_s^2}} \exp\left(-\frac{|S|^2}{2\sigma_s^2}\right) \tag{4.23}$$

と書ける。この関数は，確率密度関数の条件 $\displaystyle\int_{-\infty}^{\infty} p(S)dS = 1$ を満たす。同様に，$p(D)$ を平均 0，分散 σ_d^2 のガウス分布と仮定すると

$$p(D) = \frac{1}{\sqrt{2\pi\sigma_d^2}} \exp\left(-\frac{|D|^2}{2\sigma_d^2}\right) \tag{4.24}$$

と書ける。

つぎに，$p(X|S)$ は，$p(D)$ において，$D = X - S$ となる確率に等しいので

$$p(X|S) = \frac{1}{\sqrt{2\pi\sigma_d^2}} \exp\left(-\frac{|X - S|^2}{2\sigma_d^2}\right) \tag{4.25}$$

を得る。これで，式 (4.22) の MAP 推定に必要な $p(S)$ と $p(X|S)$ が決まった。

それぞれの分布の例を**図 4.11** に示しておく。ただし，S と D の平均を 0，$\sigma_s^2 = \sigma_d^2 = 1$ としている。図において，図 (a) は音声の確率密度関数 $p(S)$，図 (b) はノイズの確率密度関数 $p(D)$，図 (c) は観測信号の条件付確率密度関数 $p(X|S)$ である。また，S の実現値が 1 の場合を表示している。

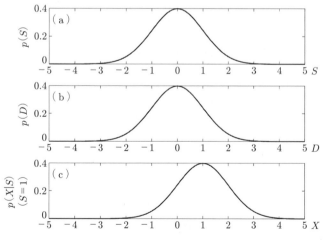

図 4.11 $p(S)$, $p(D)$ をガウス分布とした場合の $p(X|S)$
（$S = 1$ の場合。S, D, X を実数として表示）

つぎに，式 (4.22) を解くため，評価関数を

$$J_{\mathrm{MAP}} = \ln\{p(X|S)p(S)\} \tag{4.26}$$

のように設定する。ここで，$S = S_{\mathrm{R}} + jS_{\mathrm{I}}$ である。ただし，添え字の R, I は，それぞれ実部，虚部を表す。

評価関数 J_{MAP} は，S_{R}, S_{I} それぞれについて，上に凸な 2 次関数になっている。よって，J_{MAP} を最大化する S_{R}, S_{I} は，$\dfrac{\partial J_{\mathrm{MAP}}}{\partial S_{\mathrm{R}}} = 0$, $\dfrac{\partial J_{\mathrm{MAP}}}{\partial S_{\mathrm{I}}} = 0$ を S_{R}, S_{I} についてそれぞれ解くことで得られる。

つぎの二つの例題を通して，これを解いてみよう。

例題 4.4

式 (4.23), (4.25) を式 (4.26) に代入し，J_{MAP} を S_{R}, S_{I}, X_{R}, X_{I} で表せ。ただし，$X = X_{\mathrm{R}} + jX_{\mathrm{I}}$ とする。

【解答】 式 (4.23), (4.25) を式 (4.26) に代入すると

$$
\begin{aligned}
J_{\mathrm{MAP}} &= \left\{ \ln \frac{1}{2\pi\sqrt{\sigma_s^2\sigma_d^2}} \exp\left(-\frac{|S|^2}{2\sigma_s^2} - \frac{|X-S|^2}{2\sigma_d^2} \right) \right\} \\
&= -\ln\left\{ 2\pi\sqrt{\sigma_s^2\sigma_d^2} \right\} - \frac{|S|^2}{2\sigma_s^2} - \frac{|X-S|^2}{2\sigma_d^2}
\end{aligned}
$$

となる。ここで，$C = -\ln\left\{ 2\pi\sqrt{\sigma_s^2\sigma_d^2} \right\}$ とおくと

$$
\begin{aligned}
J_{\mathrm{MAP}} &= -\frac{|S|^2}{2\sigma_s^2} - \frac{|X-S|^2}{2\sigma_d^2} + C \\
&= -\frac{SS^*}{2\sigma_s^2} - \frac{(X-S)(X^*-S^*)}{2\sigma_d^2} + C \\
&= -\frac{S_{\mathrm{R}}^2 + S_{\mathrm{I}}^2}{2\sigma_s^2} \\
&\quad - \frac{|X|^2 - X^*(S_{\mathrm{R}} + jS_{\mathrm{I}}) - X(S_{\mathrm{R}} - jS_{\mathrm{I}}) + S_{\mathrm{R}}^2 + S_{\mathrm{I}}^2}{2\sigma_d^2} + C \\
&= -\left(\frac{1}{2\sigma_s^2} + \frac{1}{2\sigma_d^2} \right)(S_{\mathrm{R}}^2 + S_{\mathrm{I}}^2) \\
&\quad - \frac{|X|^2}{2\sigma_d^2} + \frac{X + X^*}{2\sigma_d^2}S_{\mathrm{R}} - j\frac{X - X^*}{2\sigma_d^2}S_{\mathrm{I}} + C
\end{aligned}
$$

さらに $X = X_R + jX_I$ とすると

$$J_{MAP} = -\left(\frac{1}{2\sigma_s^2} + \frac{1}{2\sigma_d^2}\right)(S_R^2 + S_I^2)$$

$$+ \frac{X_R}{\sigma_d^2}S_R + \frac{X_I}{\sigma_d^2}S_I - \frac{X_R^2 + X_I^2}{2\sigma_d^2} + C$$

となる。S_R^2, S_I^2 の項が負なので，J_{MAP} は両者に対して上に凸な関数である。■

例題 4.5

例題 4.4 の J_{MAP} を最大化する，S_R, S_I の値を求めよ。

【解答】 J_{MAP} を最大化するため，S_R で偏微分し，その結果を 0 とおくと

$$\frac{\partial J_{MAP}}{\partial S_R} = -\left(\frac{1}{\sigma_s^2} + \frac{1}{\sigma_d^2}\right)S_R + \frac{X_R}{\sigma_d^2} = 0$$

$$S_R = \frac{X_R}{\sigma_d^2}\frac{1}{\frac{1}{\sigma_s^2} + \frac{1}{\sigma_d^2}} = \frac{1}{\frac{1}{\xi} + 1}X_R = \frac{\xi}{1+\xi}X_R$$

を得る。同様に，J_{MAP} を S_I で偏微分すると

$$\frac{\partial J_{MAP}}{\partial S_I} = -\left(\frac{1}{\sigma_s^2} + \frac{1}{\sigma_d^2}\right)S_I + \frac{X_I}{\sigma_d^2} = 0$$

$$S_I = \frac{X_I}{\sigma_d^2}\frac{1}{\frac{1}{\sigma_s^2} + \frac{1}{\sigma_d^2}} = \frac{1}{\frac{1}{\xi} + 1}X_I = \frac{\xi}{1+\xi}X_I$$

を得る。   ■

J_{MAP} を最大化する S の実部と虚部を

$$\hat{S}_R = \frac{\xi}{1+\xi}X_R \tag{4.27}$$

$$\hat{S}_I = \frac{\xi}{1+\xi}X_I \tag{4.28}$$

のように書けば，MAP 推定の結果として，推定音声スペクトルは

$$\hat{S} = \hat{S}_R + j\hat{S}_I = \frac{\xi}{1+\xi}(X_R + jX_I) = \frac{\xi}{1+\xi}X \tag{4.29}$$

と書ける。ゆえに，スペクトルゲイン G は，$\hat{S} = GX$ より

$$G^{(\mathrm{MAP})} = \frac{\xi}{1+\xi} \tag{4.30}$$

となる。これは，式 (4.15) と同じである。すなわち，音声とノイズがいずれも
ガウス分布である場合，MAP 推定の解は，ウィーナーフィルタに一致する。

さらに，別の設計法として，ノイズ D の実部と虚部が，それぞれ平均 0，分
散 $\sigma_d^2/2$ の独立のガウス分布に従うとすると

$$p(D) = p(D_\mathrm{R})p(D_\mathrm{I}) = \frac{1}{\pi\sigma_d^2} \exp\left(-\frac{|D|^2}{\sigma_d^2}\right) \tag{4.31}$$

となる。ただし

$$p(D_\mathrm{R}) = \frac{1}{\sqrt{\pi\sigma_d^2}} \exp\left(-\frac{|D_\mathrm{R}|^2}{\sigma_d^2}\right) \tag{4.32}$$

$$p(D_\mathrm{I}) = \frac{1}{\sqrt{\pi\sigma_d^2}} \exp\left(-\frac{|D_\mathrm{I}|^2}{\sigma_d^2}\right) \tag{4.33}$$

である。このとき

$$p(X|S) = \frac{1}{\pi\sigma_d^2} \exp\left(-\frac{|X-S|^2}{\sigma_d^2}\right) \tag{4.34}$$

と書ける。式 (4.34) と (4.23) の組合せでも，結果は式 (4.30) に一致する。

4.2.4　その他の MAP 推定によるスペクトルゲイン

MAP 推定法では，確率密度関数 $p(S)$，$p(D)$ を仮定することによって，ある
意味，自由に最適解をつくることができる。もちろん，$p(S)$，$p(D)$ が実際の音
声，ノイズの確率密度関数に近いほどよい結果が得られる。

例えば，文献7) では，いくつかの確率密度関数に対する MAP 推定結果が紹
介されている。結果のスペクトルゲインの一部を以下に示す。

$$G^{(\mathrm{J\text{-}MAP})} = \frac{\xi + \sqrt{\xi + 2(1+\xi)\dfrac{\xi}{\gamma}}}{2(1+\xi)} \tag{4.35}$$

$$G^{(\mathrm{A\text{-}MAP})} = \frac{\xi + \sqrt{\xi + (1+\xi)\dfrac{\xi}{\gamma}}}{2(1+\xi)} \tag{4.36}$$

$$G^{\text{(MMSE-STSA)}} = \frac{\sqrt{\pi v}}{2\gamma}\left[(1+v)I_0\left(\frac{v}{2}\right) + vI_1\left(\frac{v}{2}\right)\right]\exp\left(-\frac{v}{2}\right)$$
(4.37)

$$G^{\text{(MMSE-SPE)}} = \sqrt{\frac{\xi}{1+\xi}\left(\frac{1+v}{\gamma}\right)}$$
(4.38)

ただし，$v = \xi/(1+\xi)$ である。また，$I_0(\cdot)$, $I_1(\cdot)$ は，それぞれ 0 次と 1 次の変形ベッセル関数である。

さらに別の例では，Lotter と Vary が，長時間の音声を観察することにより，独自の音声の確率密度関数 $p(S)$ を提案した[8]。これは，音声の振幅スペクトル $|S|$ と位相スペクトル $\angle S$ を，それぞれ独立の確率密度関数とみなして，次式のように与える方法である。

$$p(S) = p(|S|)P(\angle S)$$
(4.39)

$$p(|S|) = \frac{\mu^{\nu+1}}{\Gamma(\nu+1)}\frac{|S|^\nu}{\sigma_s^{\nu+1}}\exp\left(-\mu\frac{|S|}{\sigma_s^2}\right)$$
(4.40)

$$p(\angle S) = \frac{1}{2\pi}$$
(4.41)

ここで，μ と ν は分布の形状を決定する二つのパラメータであり，$\Gamma(\cdot)$ はガンマ関数である[†]。また，位相スペクトルは $-\pi$ から π の一様分布としている。

図 4.12 に Lotter と Vary によって提案された $p(|S|)$ を示す。ただし，$\sigma_s = 1$ とした。図より，パラメータ μ は，$p(|S|)$ のピークの高さを決定し，ν はピーク位置を調整する役割をもつことがわかる。また，音声スペクトルの分散 σ_s^2 が大きくなると，分布の裾が伸びることがわかる。

一方，ノイズの確率密度関数は，よく用いられる式 (4.31) を利用している。MAP 推定の結果として得られるスペクトルゲインはつぎのようになる。

$$G_{\text{LV}} = u + \sqrt{u^2 + \frac{\nu}{2\gamma}}$$
(4.42)

$$u = \frac{1}{2} - \frac{\mu}{4\sqrt{\gamma\xi}}$$
(4.43)

[†] $\Gamma(n) = \int_0^\infty t^{n-1}e^{-t}dt$。特に，$n$ が整数のときは，$\Gamma(n) = (n-1)!$ となる。

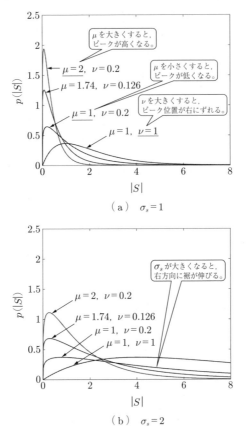

（a）　$\sigma_s = 1$

（b）　$\sigma_s = 2$

図 4.12　Lotter と Vary が提案した $p(|S|)$
（パラメータによって形状が変化する）

　二つのパラメータは，$\mu = 1.74$, $\nu = 0.126$ が推奨されている。また，ウィーナーフィルタの導出の際に説明したように，γ は事後 SNR，ξ は事前 SNR を表す。両者の推定には，式 (4.18)，(4.19) を用いることができる。

4.2.5　ノイズ除去結果の比較

　スペクトル減算法，ウィーナーフィルタ，式 (4.43) の MAP 推定法のノイズ除去性能を比較する。白色雑音を重畳した音声信号に対して，各手法によるノイズ除去を実行した。ただし，サンプリング周波数は 16 kHz，STFT のフレー

ム長は 512，ハーフオーバラップで実行した。

　図 4.13 に結果を示す。STFT を利用しているため，各手法の結果が 1 フレーム遅延して出力される。結果波形を比較すると，ウィーナーフィルタと MAP 推定法は，ノイズ除去性能が高いことがわかる。

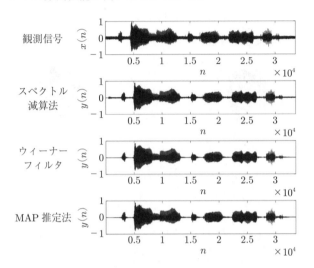

図 4.13　ノイズ除去性能の比較（上段から，観測信号，
スペクトル減算法の結果，ウィーナーフィルタの結果，
Lotter らの確率密度関数を使用した MAP 推定の結果）

　しかし，ノイズ除去効果は，除去対象のノイズに依存し，手法によって結果の音質は異なる。そして，結果の音質劣化を許容できるかどうかには，個人差もある。除去対象とするノイズの種類や，ユーザの音質の好みに合わせて，いくつかのノイズ除去法を使い分けることも重要である。

4.3　音源の分離

　本章の最後に，二つのマイクロホンを用いて，二つの音源を分離する，単純な**バイナリマスキング**（binary masking）方式について説明する。STFT を用いれば，簡単に音源分離を実行することができる。

4.3.1 音源位置と観測信号の関係

図 4.14 に示すように，話者 A と話者 B が，二つのマイクロホンの中央正面に対して，それぞれ左と右に存在するとする。ここで，$s_A(n)$, $s_B(n)$ は，それぞれ，STFT の各分析フレームにおける話者 A と話者 B の音声信号であり，$n = 0, 1, \cdots, N-1$ である。STFT では，分析フレームごとに DFT を実行するが，フレーム番号は省略して議論する。

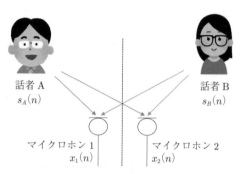

図 4.14 二つのマイクロホンの正面中心線に対して，
左右に音源があると仮定する

$x_1(n)$, $x_2(n)$ は，それぞれ，マイクロホン 1 とマイクロホン 2 の観測信号を表している。議論を簡単にするために，壁などによる反射の影響は考えず**直接波**（direct sound wave）のみを対象としよう。

まず，**図 4.15** のように，話者 A のみが発話し，話者 B が発話していない状

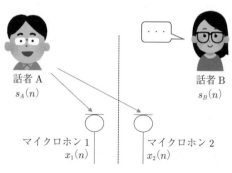

図 4.15 話者 A のみが発話する場合を考える

況を考える。すなわち，$s_A(n) \neq 0$，$s_B(n) = 0$ である。話者 Λ から見ると，マイクロホン 1 がマイクロホン 2 よりも近い。音は，音源からの距離が遠いほど減衰するので，$x_2(n)$ に含まれる $s_A(n)$ の振幅スペクトルは，$x_1(n)$ に含まれる $s_A(n)$ の振幅スペクトルよりも小さくなっている。

一方，$s_A(n)$ を構成する周波数成分は同じである。条件より，$s_B(n) = 0$ だから，観測信号 $x_1(n)$，$x_2(n)$ は，$s_A(n)$ だけを含む。よって

$$|X_1(k)| > |X_2(k)| \tag{4.44}$$

となる。ここで，$X_1(k)$，$X_2(k)$ は，それぞれ $x_1(n)$，$x_2(n)$ の DFT 結果である。

つぎに，$s_A(n) = 0$，$s_B(n) \neq 0$ の場合を考える。話者 B から見ると，マイクロホン 2 のほうがマイクロホン 1 よりも近い。よって

$$|X_1(k)| < |X_2(k)| \tag{4.45}$$

の関係を得る。

4.3.2 会話音声の性質

会話音声は，休止区間を多く含んでいる。また，声帯振動を伴う音声（有声音）は，おもに基本周波数とその**高調波**（harmonic）からなる。よって，有声音のおもな周波数成分は，周波数軸上でまばらに存在している。

二人の会話を録音した例を**図 4.16** に示す。ここで，$s_A(n)$ が男声で，$s_B(n)$ が女声である。サンプリング周波数は 16 kHz とした。波形から，この会話音声では，ほぼ交互に発話しており，あまり重複がない様子がわかる。一方，16 800 番目のサンプル付近では一部重複が見られる。

そこで，16 800 番目のサンプルから 16 フレームを，スペクトログラムとして表示した。ただし，STFT のフレーム長は 512 で，ハン窓を用い，ハーフオーバラップで分析した。また，周波数は 0 Hz から 4 kHz までを拡大表示している。

有声音は，基本周波数とその高調波で構成されているため，スペクトログラム上に縞模様として現れている。上段の男声のスペクトログラムでは，縞の幅

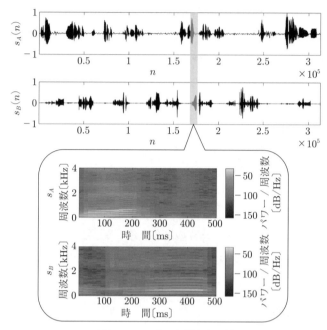

図 4.16　二人の会話音声の例

が小さく，基本周波数が低いことがわかる。逆に，下段の女声のスペクトログラムは，縞の幅が大きく，基本周波数が高い。このように，基本周波数が異なれば，音声スペクトルが存在する周波数が異なる。

　基本周波数は，個人でも時間変化する。よって，会話音声においては，$s_A(n) \neq 0$，$s_B(n) \neq 0$ の場合でも，同じ時間（フレーム）に，同じ周波数を共有することは，稀であると考えられる。

4.3.3　バイナリマスキング

　前項の結果に基づき，話者 A と話者 B が，同時刻に同じ周波数成分を共有しないと仮定する†。この仮定のもとでは，ある時刻における，ある周波数番号 k では，式 (4.44), (4.45) のいずれかが成立する。よって，話者 A の音声だけを抽出したい場合は，STFT の各フレームにおいて

---

†　**W-DO**（W-disjoint orthogonality）仮定と呼ぶ。

$$\hat{S}_{A_1}(k) = M(k)X_1(k) \tag{4.46}$$

$$\hat{S}_{A_2}(k) = M(k)X_2(k) \tag{4.47}$$

$$M(k) = \begin{cases} 1, & |X_1(k)| > |X_2(k)| \\ 0, & \text{otherwise} \end{cases} \tag{4.48}$$

のようにすればよい。ここで，$\hat{S}_{A_1}(k)$, $\hat{S}_{A_2}(k)$ は，それぞれ，$X_1(k)$, $X_2(k)$ から抽出した話者 A の推定音声スペクトルを表す。また，$M(k)$ は，**バイナリマスク**（binary mask）と呼ばれ，0 か 1 の値をとる。

同様に，話者 B の音声だけを抽出したいときは

$$M(k) = \begin{cases} 1, & |X_1(k)| < |X_2(k)| \\ 0, & \text{otherwise} \end{cases} \tag{4.49}$$

とすればよい。このように，バイナリマスクを用いて出力を得る方法を，バイナリマスキングと呼ぶ。

実際にステレオマイクロホンで音声を収録し，バイナリマスキングによる音源分離実験を行った。ただし，サンプリング周波数を 16 kHz とし，フレーム長を 512，ハン窓を用いてハーフオーバラップによる STFT を実行した。

バイナリマスキングの結果を**図 4.17** に示す。ここで，波形の上部に，話者 A と話者 B の発話タイミングの目安を示している。また，図 (a) は観測信号であり，図 (b) は分離結果のうち，マイクロホン 1，すなわち，$x_1(n)$ から分離した結果である。結果から，二人の話者の音声が，おおむね音源 A と B に分離されていることがわかる。

ただし，図 (b) の円で囲われた部分などは，分離がうまく行われておらず，目的話者以外の波形が残留している。これは，振幅スペクトルの大小関係が正しく判別できなかったことを意味している。このような誤判別は，壁や物体からの音の反射特性に依存して生じることがある。また，二人が同時発話する際，同時刻に同じ周波数成分を共有しないという仮定が満たされないこともあり，この場合は正しい分離が行われない。

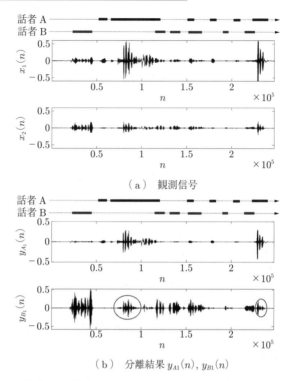

（a） 観測信号

（b） 分離結果 $y_{A1}(n)$, $y_{B1}(n)$

図 **4.17** 単純なバイナリマスキングを用いて音源を分離
した結果（結果は，マイクロホン 1 から推定した音源
A と音源 B を表示している。また，振幅は波形が見や
すいように調整している）

5 適応フィルタ

適応フィルタ（adaptive filter）は，与えられた入力信号から，所望の信号を出力するために，自動的にフィルタ係数を設計できるという特長がある。

図 5.1 に示すように，適応フィルタは，入力信号 $x(n)$ を加工し，所望信号 $d(n)$ の推定値 $y(n)$ を出力する。ここで，n は現在時刻を表す。

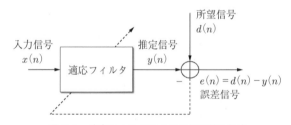

図 5.1 適応フィルタによる所望信号の推定

適応フィルタの出力と所望信号との差である，誤差信号 $e(n) = d(n) - y(n)$ が 0 になるとき，適応フィルタの目的は達成される。もちろん，どのような問題でも解けるわけではないが，適応フィルタの推定誤差ができる限り 0 に近づくように，フィルタ係数を更新させる仕組みをつくることはできる。図の破線は，誤差信号 $e(n)$ に基づいて，フィルタ係数を設計することを表している。自動的にフィルタ係数を設計させるための仕組みを，**適応アルゴリズム**（adaptive algorithm）と呼ぶ。最初に，システム同定を題材として，適応アルゴリズムを導出し，さらに，適応フィルタのノイズ除去への応用について説明する。

5.1　システム同定

どのような働きをするかが不明な，**未知システム**（unknown system）があ
り，その入力信号と出力信号が観測できるとする。未知システムと同じ入力信
号を，適応フィルタに与え，同じ出力信号が得られるようになれば，適応フィ
ルタは未知システムと同じ働きをしていると考えることができる。これを**シス
テム同定**（system identification）と呼ぶ。以降では，システム同定を実現す
る方法について述べる。

5.1.1　システム同定の構成

図 5.2 に，システム同定の構成を示す。ここで，未知システムと，制御可能
な適応フィルタが並列接続されている。また，未知システムについて，入力信
号と出力信号のみが観測できるとする。

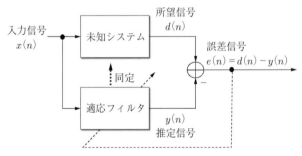

図 5.2　適応フィルタによる未知システムの推定

時刻 n の信号 $x(n)$ は，それぞれ未知システムおよび適応フィルタの入力信
号である。また，$d(n), y(n)$ は，未知システムと適応フィルタの出力信号であ
る。ここで，未知システムの出力 $d(n)$ が所望信号となる。

さらに，誤差信号 $e(n)$ は $d(n)$ から $y(n)$ を減算した値であり，適応フィルタ
の推定誤差を表す。適応フィルタと未知システムが同じ働きをするならば，時
刻 n によらず，$e(n) = 0$ となる。システム同定では，$e(n)$ が 0 に近づくよう

に，適応フィルタのフィルタ係数を更新する。

5.1.2 評価関数の設定

未知システムが，M 次の FIR フィルタとして構成され[†]，そのフィルタ係数 g_m, $m = 0,\ 1,\ \cdots,\ M - 1$ が時間によって変化しないとしよう。

未知システムの出力信号は，次式で与えられる。

$$d(n) = \sum_{m=0}^{M-1} g_m x(n - m) \tag{5.1}$$

簡単のため，適応フィルタも次数 M の FIR フィルタで構成されるとする。適応フィルタの出力 $y(n)$ は，次式で与えられる。

$$y(n) = \sum_{m=0}^{M-1} h_m x(n - m) \tag{5.2}$$

ここで，h_m, $m = 0,\ 1,\ \cdots,\ M - 1$ は，適応フィルタのフィルタ係数である。

適応フィルタが未知システムと同じ働きをするとき，$y(n) = d(n)$ となる。適応フィルタが未知システムを正しく推定すれば，$e(n) = d(n) - y(n) = 0$ となり，推定が不十分ならば，$e(n) \neq 0$ となる。そこで，適応フィルタの推定精度を表す指標として，つぎの評価関数 J_{MSE} を導入する。

$$J_{\mathrm{MSE}} = E[e^2(n)] \tag{5.3}$$

ここで，$e(n)$ ではなく $e^2(n)$ とすることで，0 が J_{MSE} の最小値になるようにしている。また，$E[\cdot]$ は期待値を表す。期待値で表現しているのは，確率信号 $e(n)$ に対して，平均的に $e^2(n) = 0$ を達成することを目的とするためである。

5.1.3 フィルタ係数の最適値

評価関数 J_{MSE} を最小化する，適応フィルタのフィルタ係数を求めてみよう。式 (5.2) を $e(n) = d(n) - y(n)$ に代入して，両辺を 2 乗すると，次式を得る。

[†] 本章では，フィルタ係数の個数 M をフィルタの次数とする。

$$e^2(n) = d^2(n) - 2d(n) \sum_{m=0}^{M-1} h_m x(n-m)$$

$$+ \sum_{m=0}^{M-1} \sum_{l=0}^{M-1} h_m h_l x(n-m)x(n-l) \tag{5.4}$$

フィルタ係数を，確率信号ではなく，定数と考えて，期待値の外に出せば

$$J_{\mathrm{MSE}} = E[d^2(n)] - 2 \sum_{m=0}^{M-1} h_m E[d(n)x(n-m)]$$

$$+ \sum_{m=0}^{M-1} \sum_{l=0}^{M-1} h_m h_l E[x(n-m)x(n-l)] \tag{5.5}$$

と書ける。さらに，$\sigma_d^2 = E[d^2(n)]$, $p(m) = E[d(n)x(n-m)]$, $R_{xx}(m-l) = E[x(n-m)x(n-l)]$ とすると

$$J_{\mathrm{MSE}} = \sigma_d^2 - 2 \sum_{m=0}^{M-1} h_m p(m) + \sum_{m=0}^{M-1} \sum_{l=0}^{M-1} h_m h_l R_{xx}(m-l) \tag{5.6}$$

と書ける。

ここで，h_0 のみに注目してみると，A, B, C を定数として

$$J_{\mathrm{MSE}} = A h_0^2 + B h_0 + C \tag{5.7}$$

の形になっている。さらに，$A = E[x^2(n)] \geq 0$ であるから，$A \neq 0$ ならば，J_{MSE} は下に凸な h_0 の 2 次関数であることがわかる。通常は，$E[x^2(n)] > 0$ なので，$A > 0$ が成立する。この場合，J_{MSE} が最小となる h_0 がただ一つ存在する。

任意の h_m, $m = 0, 1, \cdots, M-1$ についても同じ議論ができ，J_{MSE} を最小化するただ一つの h_m が存在する。J_{MSE} は下に凸なので，ある m 番目の h_m で偏微分し，その結果を 0 とすれば，h_m の最適値が得られる。

$$\frac{\partial J_{\mathrm{MSE}}}{\partial h_m} = 2 \sum_{l=0}^{M-1} h_l R_{xx}(m-l) - 2p(m) = 0$$

$$\Rightarrow \sum_{l=0}^{M-1} h_l R_{xx}(m-l) = p(m) \tag{5.8}$$

この結果から，J_{MSE} を最小化するすべての係数を求めるには，$m = 0, 1, \cdots,$ $M - 1$ について，連立方程式 (5.8) を解けばよい。

この関係を行列で表現すれば

$$\boldsymbol{R}\boldsymbol{h}_{\mathrm{opt}} = \boldsymbol{p} \tag{5.9}$$

となり，最適値 $\boldsymbol{h}_{\mathrm{opt}}$ は

$$\boldsymbol{h}_{\mathrm{opt}} = \boldsymbol{R}^{-1}\boldsymbol{p} \tag{5.10}$$

と書ける。ただし

$$\boldsymbol{h}_{\mathrm{opt}} = [h_0,\ h_1,\ \cdots,\ h_{M-1}]^T \tag{5.11}$$

$$\boldsymbol{p} = [p(0),\ p(1),\ \cdots,\ p(M-1)]^T \tag{5.12}$$

$$\boldsymbol{R} = \begin{bmatrix} R_{xx}(0) & R_{xx}(1) & R_{xx}(2) & \cdots & R_{xx}(M-1) \\ R_{xx}(1) & R_{xx}(0) & R_{xx}(1) & \cdots & R_{xx}(M-2) \\ R_{xx}(2) & R_{xx}(1) & R_{xx}(0) & \cdots & R_{xx}(M-3) \\ \vdots & \vdots & \vdots & \ddots & \vdots \\ R_{xx}(M-1) & R_{xx}(M-2) & R_{xx}(M-3) & \cdots & R_{xx}(0) \end{bmatrix} \tag{5.13}$$

である。

5.1.4 適応アルゴリズム

さて，未知システムが線形時不変システムの場合は，観測信号の**時間平均** (time average) から近似的に自己相関関数 $R_{xx}(\tau)$, $\tau = 0, 1, \cdots, M - 1$ を求めて，連立方程式 (5.8)，あるいは式 (5.10) を解くことができる[†]。しかし，未知システムは，時間の経過，温度の変化，設置環境の変化などの影響を受けて，特性が変化することが考えられる。このような場合は，フィルタ係数を再度計算しなおす必要がある。

[†] 期待値と時間平均が同じとなる信号ならば，この方法でよい解が得られる。期待値と時間平均が同じとなる信号系列を**エルゴード過程** (ergodic process) と呼ぶ。

　未知システムの変化に対応できるように，フィルタ係数を自動的に更新する仕組みが，適応アルゴリズムである。**図 5.3** に示すように，未知システムが固定フィルタの場合は，フィルタ係数を一度だけ最適化すれば，以降は更新する必要はない。一方，未知システムが時間変動する場合には，適応アルゴリズムにより，逐次推定を続ける必要がある。以降では，代表的な適応アルゴリズムとして，最急降下法と，LMS アルゴリズム[9] を紹介する。

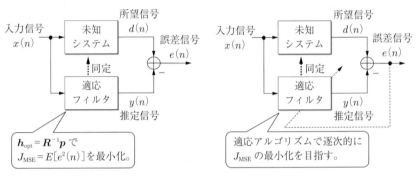

（ａ）　未知システムが固定システムの場合　　（ｂ）　未知システムが変動システムの場合

図 **5.3**　適応アルゴリズムの必要性

5.1.5　最 急 降 下 法

　評価関数 J_{MSE} は，あるフィルタ係数から見ると，下に凸な 2 次関数となっている。この 2 次関数が形状を変えても，最適解を逐次的に追跡する方法を考えよう。

　まず，**図 5.4** に示すように，時刻 n のフィルタ係数の値 $h_m(n)$ に対する評価関数 J_{MSE} の傾きを考える。ここで，$h_m(n)$ の最適値を $h_m^{(\mathrm{opt})}$ と表示している。左の図に示すように，$h(n)$ における J_{MSE} 傾きが正であるとしよう。すると，最適解 $h_m^{(\mathrm{opt})}$ は，$h_m(n)$ から見て，負の方向に存在することがわかる。つまり，傾きと逆符号の方向に最適解がある。よって，$h_m^{(\mathrm{opt})}$ に近づくためには，つぎの時刻 $n+1$ のフィルタ係数 $h_m(n+1)$ は，$h_m(n)$ よりも小さい値にすべきである。

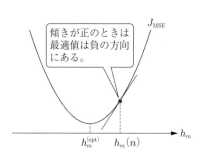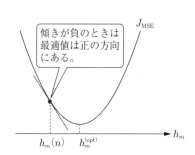

図 5.4　評価関数 J_{MSE} とフィルタ係数 h_m との関係

逆に，右の図のように，$h_m(n) < h_m^{(\mathrm{opt})}$ である場合には，J_{MSE} の傾きは負である。このときは，$h_m(n+1) > h_m(n)$ とすべきである。

まとめると，つねに $h(n)$ における J_{MSE} の傾きの逆符号の方向に最適解が存在する。そこで，つぎのような方針を立てることができる。

$$h_m(n+1) = h_m(n) - \mu_0 \Delta_m(n) \tag{5.14}$$

ここで，μ_0 はステップサイズと呼ばれる小さい正の値である。ステップサイズは更新の大きさを制御するパラメータとして導入している。$\Delta_m(n)$ は，時刻 n のフィルタ係数 $h_m(n)$ における J_{MSE} の傾きであり

$$\Delta_m(n) = \frac{\partial J_{\mathrm{MSE}}}{\partial h_m(n)} \tag{5.15}$$

で与えられる。式 (5.5) より

$$
\begin{aligned}
\Delta_m(n) &= \frac{\partial J_{\mathrm{MSE}}}{\partial h_m(n)} \\
&= -2E[d(n)x(n-m)] + 2\sum_{l=0}^{M-1} h_l E[x(n-m)x(n-l)] \\
&= -2E\left[x(n-m)\left\{ d(n) - \sum_{l=0}^{M-1} h_l x(n-l) \right\} \right] \\
&= -2E[x(n-m)(d(n)-y(n))] = -2E[x(n-m)e(n)] \tag{5.16}
\end{aligned}
$$

であることがわかる。よって，フィルタ係数を更新するために，つぎのような

適応アルゴリズムが導出できる。

$$h_m(n+1) = h_m(n) + \mu E[x(n-m)e(n)] \tag{5.17}$$

ここで, $m = 0, 1, \cdots, M-1$ であり, $\mu = 2\mu_0$ である。この適応アルゴリズ
ムは, **最急降下法** (steepest descent algorithm, gradient descent algorithm)
と呼ばれる。

5.1.6 LMS アルゴリズム

最急降下法では, 更新項が期待値で与えられるため, 実際の応用では計算す
ることが困難である。そこで, 評価関数を $J_{\mathrm{LMS}} = e^2(n)$ のように瞬時値に置
き換えてみると, 同様の手順を経て

$$h_m(n+1) = h_m(n) + \mu x(n-m)e(n) \tag{5.18}$$

が得られる。ここで, μ はステップサイズである。式 (5.18) のアルゴリズムを
LMS アルゴリズム (least mean square algorithm, LMS algorithm) と呼ぶ。

LMS アルゴリズムは, 瞬時値を評価関数として用いているので, 平均的に
$e^2(n) = 0$ が達成される保証はない。しかし, ステップサイズを小さく設定す
ることで, $x(n-m)e(n)$ に対する長時間平均の効果が得られる。よって, $x(n)$
の期待値と時間平均が同じであるならば, 最急降下法の近似アルゴリズムとし
て利用できる。何より更新式が簡単で, わずかな演算量で実現できるため, 非
常に有用な適応アルゴリズムである。

ただし, アルゴリズムが発散しないためのステップサイズの上限は, 観測信号
$x(n)$ の**パワー** (power)†に依存することが知られている。このため, 観測信号
のパワーが時間変動する場合には, ステップサイズの設定に注意が必要である。

以下に LMS アルゴリズムの手順を示しておく。

1. 観測信号 $x(n)$, 所望信号 $d(n)$ を入手する。

---

† ここでは, 観測信号の M サンプル当りのエネルギーを指す。つまり観測信号の M サ
ンプルの 2 乗和である。

2. 適応フィルタ出力 $y(n) = \sum_{m=0}^{M-1} h_m(n)x(n-m)$ を計算する。

3. 推定誤差 $e(n) = d(n) - y(n)$ を計算する。

4. フィルタ係数を更新する。

$$h_m(n+1) = h_m(n) + \mu x(n-m)e(n), \quad m = 0, 1, \cdots, M-1$$

5. $n \leftarrow n+1$ として，1. に戻る。

5.1.7 NLMS アルゴリズム

NLMS アルゴリズム (normalized LMS algorithm, NLMS algorithm) は，LMS アルゴリズムの更新項を，観測信号のパワーで正規化した適応アルゴリズムである。更新式は以下のようになる。

$$h_m(n+1) = h_m(n) + \mu \frac{x(n-m)e(n)}{\sum_{l=0}^{M-1} x^2(n-l)} \tag{5.19}$$

ここで，μ はステップサイズである。式 (5.19) より，右辺第 2 項が観測信号 $x(n)$ のパワーで正規化されている。

NLMS アルゴリズムは，式 (5.18) の LMS アルゴリズムのステップサイズ μ を $\mu / \left\{ \sum_{l=0}^{M-1} x^2(n-l) \right\}$ に変更したアルゴリズムとなっている。よって，NLMS アルゴリズムは，LMS アルゴリズムに**可変ステップサイズ** (variable step-size) を導入したアルゴリズムとして解釈することができる。NLMS の利点は，適応アルゴリズムが真値に収束するためのステップサイズの範囲が，$0 < \mu < 2$ と定数で明確に与えられていることである。

NLMS アルゴリズムは，除算を必要としない LMS アルゴリズムよりも演算量が増加するが，安定して動作するため，広く用いられている。

以下に NLMS アルゴリズムの手順を示しておく。

1. 観測信号 $x(n)$，所望信号 $d(n)$ を入手する。

2. 適応フィルタ出力 $y(n) = \sum_{m=0}^{M-1} h_m(n)x(n-m)$ を計算する。

3. 推定誤差 $e(n) = d(n) - y(n)$ を計算する。

4. フィルタ係数を更新する。
$$h_m(n+1) = h_m(n) + \mu \frac{x(n-m)e(n)}{\sum_{l=0}^{M-1} x^2(n-l)}, \quad m = 0, 1, \cdots, M-1$$
5. $n \leftarrow n+1$ として，1. に戻る。

5.2　フィードバックキャンセラ

　ライブ会場，講演会，カラオケシステム，補聴器など，スピーカとマイクロホンの両方が設置された環境では，マイクロホンに入力された音が増幅され，スピーカから出力される。このとき，スピーカ出力がマイクロホンに再び取り込まれ，音のループが生じる場合がある。すると，エコーが生じたり，ハウリングと呼ばれる，音が爆発的に増幅する現象が生じたりする。ハウリングは，不快であることに加え，場合によっては，機器が破損したり，聴覚器官を損傷する危険性もある。本節では，このような音のループ，すなわち，出力信号が再び入力信号としてフィードバックされる現象を抑制する方法について述べる。

5.2.1　音のループが生じる環境
　エコーやハウリングが生じる環境を**図 5.5** に示しておく。図のように，マイクで取り込まれた音を，ヘッドホンから聞いている場合には，よほどの音漏れがない限り，エコーやハウリングは生じない。しかし，マイクとスピーカが近くに設置されている環境では，スピーカから出力される音が，再びマイクに取

エコーやハウリングが生じない例　　　エコーやハウリングが生じる例

マイクの音がヘッドホンから出力される。　マイクの音がスピーカから出力される。
出力がマイクに入らない。　　　　　　　　出力がマイクに入る。音がループする。

図 5.5　エコーやハウリングが生じる環境

り込まれ，音のループが生じる。これが原因となって，エコーやハウリングが生じる。

　スピーカからの出力がマイクロホンにフィードバックされる環境において，エコーやハウリングを除去する適応フィルタを，フィードバックキャンセラと呼ぶ。

　フィードバックキャンセラは，システム同定の原理で動作する。ただし，電話機のエコーキャンセラなどに用いる場合と，補聴器に用いる場合では，その動作が異なる。以下では，それぞれの場合におけるフィードバックキャンセラについて説明する。

5.2.2　エコーキャンセラ

　電話機などで用いられる**エコーキャンセラ**（echo canceller）の場合，**遠端話者**（far-end speaker）と**近端話者**（near-end speaker）が存在する。**図 5.6**に示すように，電話機で**ハンズフリー通話**（hands-free talk）をする場合，スピーカからの遠端話者音声が，再びマイクロホンで観測され，エコーとなって，遠端話者にフィードバックされる。スピーカとマイクロホンの位置によっては，ハウリングともなりうる。

　ここで，スピーカから出力される信号は，遠端話者の音声であり，近端話者

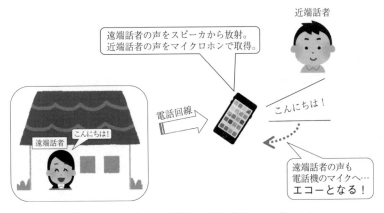

図 5.6　ハンズフリー通話における音のフィードバック

の音声とは無相関であるとする。マイクロホンで観測される音は，近端話者の音声と，遠端話者の音声のフィードバック信号である。そこで，**図 5.7**(a) に示すように，エコーキャンセラで，遠端話者の音声 $u(n)$ のフィードバック信号 $d(n)$ を擬似的に作成し，観測信号 $x(n)$ から除去する。ここで，$s(n)$ が近端話者の音声，$x(n) = d(n) + s(n)$ がマイクロホンにおける観測信号である。

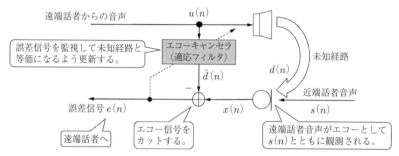

（ａ） ハンズフリー通話におけるエコーキャンセラ

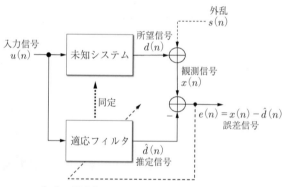

（ｂ） 簡略化したエコーキャンセラのモデル

図 5.7 適応フィルタによるエコーキャンセラの実現

また，$\hat{d}(n)$ はエコーキャンセラ，つまりは適応フィルタの出力で，$u(n)$ のフィードバック音声 $d(n)$ を模擬した信号である。そして，$e(n) = x(n) - \hat{d}(n)$ は，適応フィルタの誤差信号に対応する。エコーキャンセラは，誤差信号 $e(n)$ を監視し，$e(n)$ が遠端話者のフィードバック音声を除去した信号となるようにフィルタ係数を更新する。

未知システムを，スピーカからマイクロホンへのフィードバック経路とすれ
ば，図 (b) のようなシステム同定を考えることができる。適応フィルタへの入
力は，遠端話者音声 $u(n)$ であり，所望信号はフィードバックされた遠端話者音
声である。

実際には，近端話者音声 $s(n)$ が，**外乱**（disturbance）として加わることに
なるが，$s(n)$ と $u(n)$ は無相関であるため，適応フィルタで生成することはで
きない。よって，**最小 2 乗誤差**（least mean square error）の意味での最適解
は，適応フィルタが，遠端話者音声のフィードバック信号をつくり，これを除
去することである。近端話者音声は除去されず，適応フィルタの推定誤差とし
て，遠端話者に届けられる。適応アルゴリズムは LMS や NLMS などが利用可
能である。

例題 5.1

未知経路のインパルス応答を $g_m, m = 0, 1, \cdots, M-1$ とし，エ
コーキャンセラのシミュレーションを行う。適応フィルタのフィルタ係数
を $h_m(n), m = 0, 1, \cdots, M-1$ とし，LMS アルゴリズムを用いて更新
するとき，シミュレーションの手順を示せ。

【**解答**】 LMS アルゴリズムのステップサイズを μ とする。シミュレーションの
手順は以下のとおりである。

1. 時刻 n における遠端話者音声 $u(n)$，近端話者音声 $s(n)$ を入手する。
2. フィードバック信号 $d(n) = \sum_{m=0}^{M-1} g_m u(n-m)$ を計算する。
3. 観測信号 $x(n) = s(n) + d(n)$ を計算する。
4. 適応フィルタ出力 $\hat{d}(n) = \sum_{m=0}^{M-1} h_m(n) u(n-m)$ を計算する。
5. 推定誤差 $e(n) = x(n) - \hat{d}(n)$ を計算する。
6. フィルタ係数を更新する。
   $$h_m(n+1) = h_m(n) + \mu u(n-m)e(n), \quad m = 0, 1, \cdots, M-1$$
7. $n \leftarrow n+1$ として，1. に戻る。

推定誤差 $e(n)$ がエコーを除去した信号である。 ∎

5.2.3 フィードバックキャンセラ

補聴器の場合にも，音のフィーバックが生じる。**図 5.8** に示すように，マイクロホンで観測された音が増幅され，スピーカから出力される。そして，スピーカ出力がフィードバックして，再びマイクロホンで観測される。エコーキャンセラでいえば，近端話者と遠端話者が近接している状況に近い。

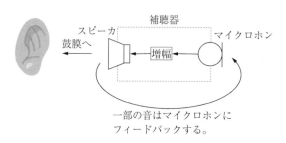

図 **5.8** 補聴器における音のフィードバック

補聴器で増幅したい音声信号を $s(n)$，観測信号を $x(n)$，フィードバック信号を $d(n)$ とすると

$$x(n) = s(n) + d(n) \tag{5.20}$$

である。そして，観測信号 $x(n)$ が増幅されて，スピーカから出力される。スピーカ出力を $y(n)$ としよう。

エコーキャンセラと同じ仕組みで考えると，**図 5.9** に示す位置に適応フィル

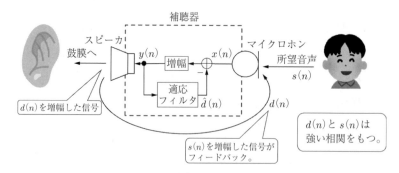

図 **5.9** 適応フィルタの導入

タが導入される。ここで，適応フィルタへの入力は $y(n)$ である。そして，$y(n)$ のフィードバック信号 $d(n)$ がマイクロホンで観測される。

エコーキャンセラでは，$d(n)$ と所望信号 $s(n)$ が無相関であると仮定している。しかし，フィードバックキャンセラでは，$d(n)$ は，$s(n)$ が増幅後にフィードバックされた信号であり，同じ発話者の音声である。このため，$d(n)$ と $s(n)$ の無相関の仮定が成立しない。結果として，適応フィルタにより，所望信号までもが除去される。

これを回避する単純な方法として，マイクロホンで観測される信号を遅延して出力する方法がある。遅延器を利用したフィードバックキャンセラを**図 5.10** に示す。ここで，遅延器による遅延を D，アンプによる増幅率を A としている。また，フィードバックキャンセラを適応フィルタで構成し，その出力を $\hat{d}(n)$ とする。適応フィルタの出力 $\hat{d}(n)$ がフィードバック信号 $d(n)$ と一致すれば，理想的なフィードバックキャンセラとなる。

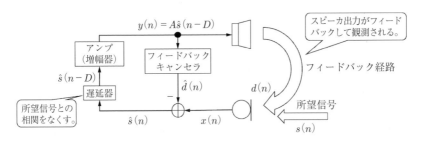

図 5.10　遅延器を利用したフィードバックキャンセラ

所望信号 $s(n)$ とスピーカ出力 $y(n)$ が無相関であれば，LMS アルゴリズムなどの適応アルゴリズムにより，フィードバック信号を除去することができる。

遅延器を大きく設定することで，$s(n)$ と $y(n) = A\hat{s}(n - D)$ の無相関化は実現しやすくなる。しかし，遅延が大きいと，視覚と聴覚のずれが大きくなり，ユーザに違和感を与えることになる。さらに，対話の場合であれば，円滑なコミュニケーションが困難となる。このため，遅延の少ないフィードバックキャンセラの研究開発が現在も続けられている。

例題 5.2

図 5.10 に示すフィードバックキャンセラのシミュレーションを行う。フィードバック経路のインパルス応答を g_m, $m = 0, 1, \cdots, M - 1$ とし，適応フィルタのフィルタ係数を $h_m(n)$, $m = 0, 1, \cdots, M - 1$ とする。LMS アルゴリズムを用いて更新するとき，シミュレーションの手順を示せ。

【解答】 LMS アルゴリズムのステップサイズを μ とする。シミュレーションの手順は以下のとおりである。

1. 時刻 n における所望信号 $s(n)$，スピーカ出力 $y(n) = A\hat{s}(n - D)$ を得る。
2. フィードバック信号 $d(n) = \displaystyle\sum_{m=0}^{M-1} g_m y(n - m)$ を計算する。
3. 観測信号 $x(n) = s(n) + d(n)$ を計算する。
4. 適応フィルタ出力 $\hat{d}(n) = \displaystyle\sum_{m=0}^{M-1} h_m(n)y(n - m)$ を計算する。
5. 推定誤差 $\hat{s}(n) = x(n) - \hat{d}(n)$ を計算する。
6. フィルタ係数を更新する。
   $$h_m(n + 1) = h_m(n) + \mu y(n - m)\hat{s}(n),$$
   $$m = 0, 1, \cdots, M - 1$$
7. $n \leftarrow n + 1$ として，1. に戻る。

推定誤差 $\hat{s}(n)$ がフィードバック信号を除去した信号である。　　■

5.3　適応線スペクトル強調器

適応線スペクトル強調器（adaptive line enhancer, ALE）は，白色雑音に埋もれた正弦波を抽出するために用いられる適応フィルタである。本節では，ALE の基本原理と，音声のノイズ除去への応用について説明する。

5.3.1　適応線スペクトル強調器の原理

ALE のブロック図を**図 5.11** に示す。ここで，z^{-D} は D サンプルの遅延を

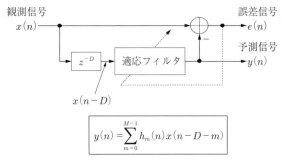

図 **5.11** 適応線スペクトル強調器

与える遅延器である。図のように，ALE は，遅延した観測信号 $x(n-D)$ を入力とする適応フィルタとして構成される。また，所望信号は，現在の観測信号 $x(n)$ である。

ALE の出力は以下のようになる。

$$y(n) = \sum_{m=0}^{M-1} h_m(n)x(n-D-m) \tag{5.21}$$

ここで，$h_m(n), m = 0, 1, \cdots, M-1$ は，時刻 n におけるフィルタ係数であり，遅延量 D は相関分離パラメータと呼ばれる。また，$y(n)$ は，$x(n)$ の予測信号であり，$e(n) = x(n) - y(n)$ は誤差信号である。

フィルタ係数の更新には，LMS アルゴリズム，NLMS アルゴリズムなどが利用できる。NLMS アルゴリズムを用いるならば，フィルタ係数は

$$h_m(n+1) = h_m(n) + \mu \frac{x(n-D-m)}{\sum_{l=0}^{M-1} x^2(n-D-l)} e(n) \tag{5.22}$$

のように更新される。ここで，$m = 0, 1, \cdots, M-1$ であり，μ はステップサイズである。

ALE は，過去の観測信号の線形結合，すなわち式 (5.21) で，現在の観測信号を推定する。このため，より一般的に**線形予測器** (linear predictor) と呼ばれることがある。

典型的な ALE の利用方法は，観測信号が白色雑音と正弦波の和で与えられる場合に，正弦波のみを抽出することである。白色雑音は，過去の信号と無相

関であるため，現在の信号を過去の信号の線形結合で表現することはできない。一方，正弦波は，周期信号であるため，過去の信号の線形結合で，現在の信号を表現できる。

結果として，ALE 出力には，白色雑音が抑圧された正弦波が現れる。正弦波のフーリエ変換は，線スペクトルとなるため，適応線スペクトル強調器と呼ばれている。式 (5.21) の M が小さいと，ALE の振幅特性が緩やかになるため，正弦波とともに白色雑音も出力されやすくなる。数十から数百程度であれば，正弦波の強調効果が高くなる。また，D は，現在のノイズ信号と過去のノイズ信号を無相関にする働きをもつ。

例として，1 kHz の正弦波を ALE で強調するシミュレーションを実行した結果の波形を図 5.12 に示す。ここで，サンプリング周波数を 16 kHz，正弦波に白色雑音を付加して，観測信号 $x(n)$ を作成した。また，ALE の次数 $M = 500$，遅延量 $D = 10$ とし，フィルタ係数の更新には，$\mu = 0.001$ の NLMS アルゴリズムを用いた。白色雑音に対しては，理論的には D を 1 以上に設定すればよいが，この例では，やや大きめに設定した。

図の ALE 出力 $y(n)$ の波形から，ALE による正弦波の推定が徐々に進行している様子が確認できる。また，誤差信号 $e(n)$ では，正弦波が除去され白色雑

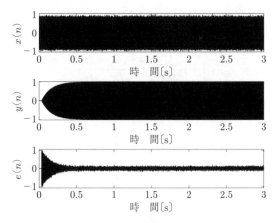

図 5.12 適応線スペクトル強調器による
正弦波の強調結果（波形）

音だけになる。

図 **5.13** に，図 5.12 の結果をスペクトログラムとして表示した。ただし，スペクトログラムは，フレーム長を 512 とし，ハン窓を用いて，ハーフオーバラップにより作成した。

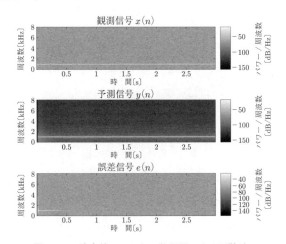

図 **5.13** 適応線スペクトル強調器による正弦波の
強調結果（スペクトログラム）

図の中段の予測信号のスペクトログラムを見ると，正弦波の線スペクトルが強調され，それ以外の白色雑音のスペクトルが小さく抑えられていることがわかる。逆に，下段の推定誤差のスペクトログラムからは，徐々に線スペクトルが失われ，最終的には，周波数全体に広がる白色雑音のスペクトルだけとなる様子が確認できる。

例題 5.3

ALE の遅延量を D として，線スペクトル強調シミュレーションを行う手順を示せ。ただし，ALE のフィルタ係数を $h_m(n), m = 0, 1, \cdots, M-1$ とする。また，NLMS アルゴリズムを用いてフィルタ係数を更新すること。

【**解答**】　NLMS アルゴリズムのステップサイズを μ とする。シミュレーション

の手順は以下のとおりである。

1. 時刻 n における正弦波 $s(n)$, 白色雑音 $d(n)$ を入手する。
2. 観測信号 $x(n) = s(n) + d(n)$ を計算する。
3. 予測信号 $y(n) = \displaystyle\sum_{m=0}^{M-1} h_m(n)x(n-D-m)$ を計算する。
4. 誤差信号 $e(n) = x(n) - y(n)$ を計算する。
5. フィルタ係数を更新する。
$$h_m(n+1) = h_m(n) + \mu \frac{x(n-m)}{\sum_{l=0}^{M-1} x^2(n-D-l)} e(n),$$
$$m = 0,\, 1,\, \cdots,\, M-1$$
6. $n \leftarrow n+1$ として, 1. に戻る。

予測信号 $y(n)$ が正弦波を強調した信号であり, $e(n)$ は正弦波が除去された信号である。 ■

5.3.2 ALE による音声の白色雑音除去

有声音も短時間であれば周期性をもつので, 複数の線スペクトルからなる信号として近似できる。そして, 観測時間が $10\,\text{ms}$ から $30\,\text{ms}$ 程度では, 音声信号は特性が変動せず, 定常とみなせる。このことを確認しておこう。

図 **5.14** に, 女声の有声音, および白色雑音を $30\,\text{ms}$ で拡大した波形を示す。ここで, サンプリング周波数を $16\,\text{kHz}$ としたので, $0.03 \times 16\,000 = 480$ サン

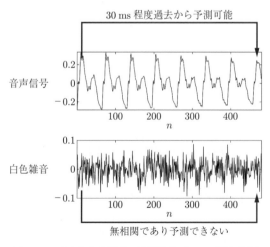

図 **5.14** 音声と白色雑音の波形比較（$30\,\text{ms}$ 間を拡大）

プルの波形となっている。図から，音声信号は，30 ms の時間内では，ほぼ周期信号であることがわかる。すなわち，現在の信号が過去の信号と強い相関をもっている。一方，白色雑音は，無相関な信号であるため，1 サンプル異なるだけで，まったく無関係な値となる。

　よって，ALE で 30 ms 程度過去から現在の信号を予測すると，音声信号は予測可能で，白色雑音は予測できない。結果として，音声信号だけが予測値として出力される。

　音声の白色雑音除去を実現するシステムは，図 5.11 とまったく同じである。観測信号を $x(n) = s(n) + d(n)$ とする。ここで，$s(n)$ が音声信号，$d(n)$ が白色雑音である。そして，予測信号 $y(n)$ が白色雑音を除去した音声となる。

　図 5.15 に白色雑音の抑圧結果の一例を示す。上段から順に，観測信号 $x(n)$，予測信号 $y(n)$，誤差信号 $e(n)$ の波形とスペクトログラムである。ただし，サンプリング周波数を 16 kHz，ALE の次数は 30 ms 以上として $M = 500$，遅延 $D = 10$，NLMS アルゴリズムのステップサイズを 0.1 とした。また，観測信号は，女声に白色雑音を付加して作成した。図より，観測信号 $x(n)$ の波形で，帯のように広がっていた白色雑音が，ALE 出力 $y(n)$ では抑圧されていること

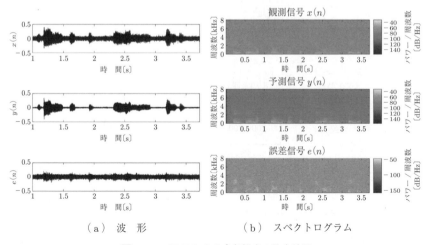

（a）波　形　　　　　　（b）スペクトログラム

図 5.15 ALE による白色雑音の除去結果

が確認できる。ただし，ALE では，声帯振動を伴わない無声音の抽出は困難である。さらに，有声音であっても短時間で変化するため，予測が間に合わない場合がある。このため，誤差信号 $e(n)$ には予測できなかった音声信号が含まれている。

5.3.3 ALE による音声の正弦波ノイズ除去

つぎに，正弦波ノイズに対して，音声信号が重畳している場合を考える。正弦波がつねに存在しているならば，ALE の遅延量 D を任意に大きく設定しても，現在の正弦波の値を予測することができる。一方，音声は長時間観測すると，明らかに特性が変動する。

例として，100 ms 間の有声音と，300 Hz の正弦波の波形を比較した結果を**図 5.16** に示す。ここで，サンプリング周波数を 16 kHz としたので，$0.1 \times 16\,000 = 1\,600$ サンプルの波形となっている。

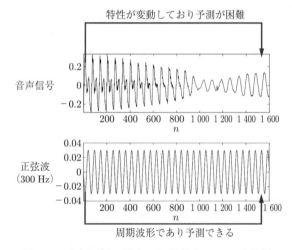

図 5.16 音声信号と正弦波の波形比較（100 ms 間を拡大）

図から，音声信号は，100 ms の時間内で，特性が変動し，過去の信号から現在の信号の予測が困難となることがわかる。一方，正弦波は，周期波形なので，過去の信号から現在の信号を予測できる。

　よって，式 (5.21) の ALE の遅延量 D を，音声が特性変動するような大きい値に設定すれば，音声が予測できず，正弦波のみが予測される。このとき，誤差信号 $e(n)$ として音声信号のみが現れる。さらに，ALE の次数を大きく設定したり，適応アルゴリズムのステップサイズを小さく設定することは，信号の長時間の平均値でフィルタ係数を更新することに相当する。結果として，ALE は，音声よりも時間変化の少ない正弦波を予測しやすくなる。

　サンプリング周波数を 16 kHz，ALE の次数を $M = 500$，遅延量は 100 ms 以上として $D = 2\,000$，NLMS アルゴリズムのステップサイズを 0.01 としたときの，正弦波除去の結果を**図 5.17** に示す。ただし観測信号は，女声に 1 kHz の正弦波を付加して作成した。図の上段から順に観測信号 $x(n)$，ALE の出力 $y(n)$，誤差信号 $e(n)$ であり，それぞれの波形とスペクトログラムを示している。

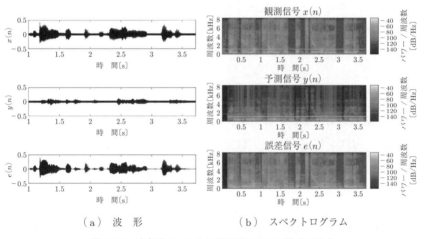

（a）波　形　　　　　（b）スペクトログラム

図 5.17　適応線スペクトル強調器による正弦波の除去

　図より，観測信号 $x(n)$ の波形で，音声の背後にある正弦波ノイズが，$y(n)$ として抽出されていることが確認できる。ただし，音声信号の一部も予測できてしまい，$y(n)$ に含まれている。一方，誤差信号 $e(n)$ には，予測できなかった信号として，正弦波ノイズが除去された音声信号が現れている。このように，音声の正弦波ノイズ除去では，ALE の誤差信号 $e(n)$ を出力として用いる。

5.4 突発ノイズ除去

突発的に発生し，短時間で消失するノイズ（**突発ノイズ**（impact noise, impulsive noise））を観測信号から除去する方法について説明する。ただし，突発ノイズが存在する区間は既知としておく。本節で述べるノイズ除去は，ノイズ区間の信号を除去し，その部分をうまく補間するという方法である。補間には，線形予測器を用いる。

5.4.1 正弦波に対する線形予測

線形予測器の能力として，正弦波を完全に予測できることが挙げられる。線形予測器は，一つの正弦波に対して，二つの実係数で予測が可能である[10]。対象正弦波の角周波数を ω とすると，$D = 1$ の線形予測器において，$h_0 = 2\cos\omega$，$h_1 = -1$ が真値となる。

例題 5.4

時刻 n の観測信号 $x(n) = \cos(\omega n)$ に対する，線形予測器の出力を $y(n) = h_0 x(n - D) + h_1 x(n - D - 1)$ とする。ここで，h_0, h_1 はフィルタ係数である。$D = 1$ の線形予測器が $x(n)$ を完全に予測するとき，h_0, h_1 を求めよ。

【解答】 線形予測器の伝達関数は，$h_0 z^{-1} + h_1 z^{-2}$ である。このとき，誤差信号 $e(n) = x(n) - y(n)$ を出力するフィルタ（予測誤差フィルタ）の伝達関数は

$$H(z) = 1 - h_0 z^{-1} - h_1 z^{-2} \tag{5.23}$$

と書ける。線形予測器が，$x(n)$ を完全に予測するので，$e(n) = 0$ でなければならない。また，$x(n) = \cos(\omega n) = \dfrac{1}{2}e^{j\omega n} + \dfrac{1}{2}e^{-j\omega n}$ より，予測誤差フィルタの $\pm\omega$ に対する周波数特性は 0 である。よって

$$H(z)|_{z = e^{\pm j\omega}} = H(\pm\omega) = 0 \tag{5.24}$$

である。これは，$H(z)$ の零点（$H(z) = 0$ となる z の値）が単位円上の $e^{\pm j\omega}$ に
存在することと等価である。すなわち

$$H(z) = (1 - e^{j\omega}z^{-1})(1 - e^{-j\omega}z^{-1}) = 1 - 2\cos\omega z^{-1} + z^{-2}$$

と書ける。式 (5.23) と比較すれば，線形予測器のフィルタ係数は，$h_0 = 2\cos\omega$，
$h_1 = -1$ であることがわかる。∎

NLMS アルゴリズムを用いて，正弦波を予測した結果を**図 5.18** に示す。ただ
し，サンプリング周波数 16 kHz，正弦波の周波数を 2 kHz，ALE の遅延量 $D = 1$，
次数 $M = 2$，NLMS アルゴリズムのステップサイズを 0.01 とした。このとき，
フィルタ係数の真値は，$h_0 = 2\cos(2\pi \times 2\,000/16\,000) \approx 1.414\,2$，$h_1 = -1$
である。図の予測信号 $y(n)$，誤差信号 $e(n)$，そしてフィルタ係数 $h_0(n)$，$h_1(n)$
の結果から，時間とともに，予測信号が増幅し，誤差信号が減少していること
が確認できる。さらに，誤差信号の減少に伴って，二つの係数が真値に収束し
ている様子も確認できる。

同様に，P 個の正弦波に対して，次数 $M = 2P$ の線形予測器 $h_m(n)$，$m = 0, 2, \cdots, 2P - 1$ で完全な予測ができ，$e(n) = 0$ を実現できる。

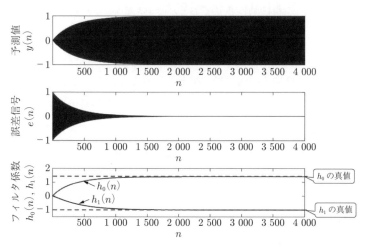

図 5.18　一つの正弦波に対する 2 次線形予測器の
シミュレーション結果

140   5. 適 応 フ ィ ル タ

5.4.2 線形予測器による正弦波信号の補間

線形予測器の係数が収束すれば，現在の正弦波の値と予測信号が一致する。この性能を利用すれば，突発ノイズ除去を実現できる。すなわち，**図 5.19** に示すように，観測信号に含まれるノイズ部の検出，ノイズ部の信号カット，そしてノイズ部の補間という手順で，突発ノイズ除去を実現する。

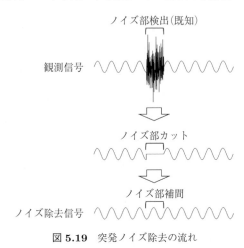

図 **5.19** 突発ノイズ除去の流れ

線形予測器は，つねに動作させておく。そして，突発ノイズが存在する区間の観測信号を，線形予測器の予測信号で置き換える。ここで，ノイズ区間が連続する場合にも，線形予測器は予測信号を出力し続けなければならない。しかし，突発ノイズ区間の観測信号が線形予測器に入力されると，正確な予測が困難となる。そこで，突発ノイズ区間では，フィルタ係数の更新を停止する。そして，観測信号を予測信号に置き換えて，線形予測器に入力する。つまり，**図 5.20** に示すように，ノイズ区間でないときは観測信号をそのまま出力し，ノイズ区間では予測信号を出力する。後者の場合は，その出力を再帰的に観測信号として用いる。

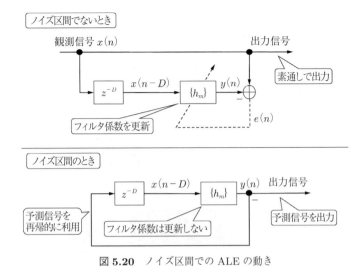

図 **5.20** ノイズ区間での ALE の動き

例題 5.5

線形予測器の遅延量を D として，正弦波から突発ノイズ除去を行う
シミュレーションの手順を示せ。ただし，線形予測器のフィルタ係数を
h_0, h_1, $\cdots$, h_{M-1} とする。また，NLMS アルゴリズムを用いてフィル
タ係数を更新すること。

【解答】

1. 時刻 n における観測信号 $x(n)$ を入手する。
2. 予測信号を次式で計算する。

$$y(n) = \sum_{m=0}^{M-1} h_m x(n - D - m) \tag{5.25}$$

3. ノイズ区間でなければ $x(n)$ を出力し，フィルタ係数を NLMS アルゴリズ
   ムで更新する。

$$h_m(n+1) = h_m(n) + \mu \frac{x(n - D - m)}{\sum_{l=0}^{M-1} x^2(n - D - l)} e(n) \tag{5.26}$$

ここで，μ はステップサイズであり，$e(n) = x(n) - y(n)$ である。

4. ノイズ区間であれば，$y(n)$ を出力し，$x(n) = y(n)$ とする。フィルタ係数

は更新しない。

5.　$n \leftarrow n+1$ として，1. に戻る。　　　　　　　　　　■

　具体的に線形予測器による補間性能を調べてみよう。サンプリング周波数を
16 kHz とし，周波数 1 kHz の正弦波を人工的に発生させた。さらに，正弦波の
一部は，値を 0 にして，無音区間とした。この無音区間は，ノイズ区間の値を
カットして，0 にした状態と考えることができる。無音区間を既知として，その
区間を線形予測器の予測信号で補間した結果を**図 5.21** に示す。ここで，線形

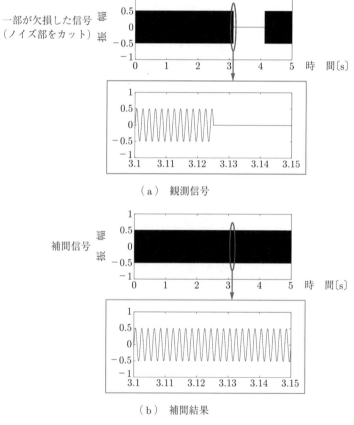

（a）　観測信号

（b）　補間結果

図 5.21　線形予測器による正弦波の補間結果の波形
（無音区間部を拡大表示）

予測器の遅延量 $D = 1$，次数 $M = 128$ とし，ステップサイズ 0.1 の NLMS ア
ルゴリズムを使用した。無音区間では観測信号 $x(n)$ がカットされているため，
$x(n) = y(n)$ として，線形予測器の予測値を再帰的に利用した。

図 (a) は観測信号，図 (b) は補間結果の波形である。また，それぞれ，無音
区間付近を拡大表示している。結果から，正弦波が線形予測器の予測値によっ
て，適切に補間されていることが確認できる。

5.4.3 音声の突発ノイズ除去

5.3.2 項で述べたように，線形予測器は，遅延が極端に大きくなければ，周期
性をもつ音声（有声音）を推定できる。よって，ノイズ位置を検出および削除
して，線形予測器の予測信号で補間すれば，有声音の復元が可能であると考え
られる。

音声の場合，基本周波数とその倍音が生じるので，これらすべてを推定する必要
がある。例えば，16 kHz サンプリングで，音声の基本周波数が 125 Hz（男声の平
均値付近）とすると，ナイキスト周波数 8 kHz までの間に，最大 $8\,000/125 = 64$
個の正弦波が存在する。線形予測器のフィルタ係数が二つあれば，一つの正弦
波を予測できるので，次数 M を 128 以上に設定しておけば，理論的には予測
が可能となる。

音声から突発ノイズを除去するシミュレーションを行った結果を**図 5.22** に
示す。ここで，観測信号は，16 kHz サンプリングの女声に，1 000 サンプルご
とに，10 サンプルの突発ノイズを付加して作成した。突発ノイズは，絶対値 1
で，正と負を交互に発生させた。線形予測器は次数 $M = 128$，遅延 $D = 1$ と
し，ステップサイズ 0.1 の NLMS アルゴリズムを用いた。突発ノイズが存在す
る区間は既知とし，その区間では予測信号を観測信号として再帰的に利用した。

図の上段は観測信号，下段は，線形予測器により突発ノイズ区間を補間した
波形である。結果として，突発ノイズが除去された音声が得られた。

音声の線形予測器による補間結果を，**図 5.23** のスペクトログラムでも確認
しておく。ここで，スペクトログラムは，STFT のフレーム長を 512，ハン窓

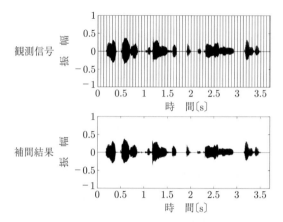

図 5.22　線形予測器による音声信号の補間結果（突発性
ノイズ部を除去して予測値で音声を補間した）

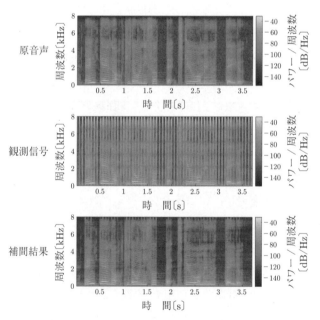

図 5.23　線形予測器による音声信号の補間結果の
スペクトログラム

を用い，フレームシフト 256 のハーフオーバラップで作成した。図から，観測信号に見られる縦方向のスペクトルが，補間結果では取り除かれていることがわかる。また，原音声と補間結果のスペクトログラムが類似していることも確認できる。よって，線形予測器による補間を利用した突発ノイズ除去は，音声に対しても有効であることが確認できた。

音響エフェクト

　本章では，エコーをはじめとする各種音響エフェクトの原理と実現方法について述べる。ここで取り上げた音響エフェクトの多くは，リアルタイム処理が可能である。それぞれ比較的簡単な処理で実現できるが，その原理について，理解しておくことは重要である。原理を理解しておけば，自在にアレンジできるので，音楽制作や，ボイスチェンジャなど，応用範囲が格段に広がる。

6.1　エ　コ　ー

　エコー（echo）は，音が壁などに反射して戻ってくる現象として説明され，その例として，こだま，山びこ，**残響**（reverberation）などが挙げられる。残響や山びこを明確に定義して区別する場合もあるが，本書では，単に，音が反射して再び観測される現象をエコーと定義としておく。また，音源から，壁や物体に反射することなく直接観測される音を**直接音**（direct sound），壁などに反射してから観測される音を**反射音**（reflected sound）と呼ぶことにする。

6.1.1　エコーの定式化

　反射音は，直接音よりも遅れ，かつ減衰して観測される。そこで，反射音を遅延と減衰だけで簡単にモデル化してみよう。多くの反射音のうち，一つの反射音だけを考えると，**図 6.1** のようなイメージとなる。口が音源を放射するスピーカ，耳が音を観測するマイクロホンに対応する。

　このとき，時刻 n の観測信号 $y(n)$ を，直接音と反射音の和として，$y(n) =$

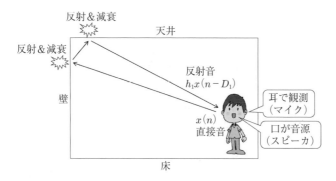

図 **6.1**　一つの反射音だけが存在するときのイメージ

$x(n) + h_1 x(n - D_1)$ のように書くことができる。ここで，$x(n)$ は音源，h_1 は
減衰を表す 1 未満の定数，D_1 は遅延時間を表す。

　同様に，二つの反射音だけを考えると，**図 6.2** のようなイメージとなる。こ
のとき，観測信号は

$$y(n) = x(n) + h_1 x(n - D_1) + h_2 x(n - D_2) \tag{6.1}$$

のように書ける。ここで，D_2，h_2 は，それぞれ遅延および減衰を表す定数で
ある。

　音波は球面に広がるので，進行方向は無数にある。エコーが観測される環境
全体をフィルタと考え，式 (6.1) を一般化すると

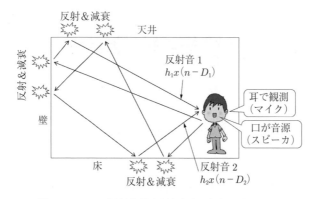

図 **6.2**　二つの反射音だけが存在するときのイメージ

$$y(n) = \sum_{l=0}^{\infty} h_l x(n-l) \tag{6.2}$$

のような入出力関係が得られる。ここで，h_l, $l = 0, 1, \cdots$ はフィルタ係数である。

例題 6.1

　時刻 n の観測信号 $x(n)$ に，$\dfrac{1}{8}$ s, $\dfrac{2}{8}$ s, $\dfrac{3}{8}$ s の遅延信号を，それぞれ 0.8 倍，0.7 倍，0.6 倍して加算し，エコーを生成する。サンプリング周波数を 16 kHz として，エコーを生成するフィルタの入出力関係を記述せよ。

【解答】　16 000 サンプルで 1 s なので，$\dfrac{1}{8}$ s $\rightarrow \dfrac{16\,000}{8} = 2\,000$, $\dfrac{2}{8}$ s $\rightarrow \dfrac{32\,000}{8} = 4\,000$, $\dfrac{3}{8}$ s $\rightarrow \dfrac{48\,000}{8} = 6\,000$ サンプルとなる。エコーが生じる環境全体をフィルタと考えれば，上記の設定における入出力関係は

$$y(n) = x(n) + 0.8x(n - 2\,000) + 0.7x(n - 4\,000) + 0.6x(n - 6\,000)$$

となる。音声信号に対してエコーを生成した結果を**図 6.3** に示す。

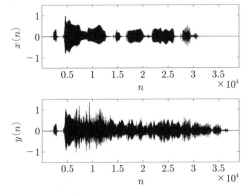

図 6.3　音声信号 $x(n)$ に対する
エコー出力 $y(n)$ の波形

　上段が原音声 $x(n)$，下段がエコーをかけた結果 $y(n)$ である。エコーがかけられているため，波形の減衰が緩やかになっていることがわかる。　■

6.1.2 ディレイ

前項の例題 6.1 のように，適当にフィルタ係数を設定した FIR フィルタでも
エコー効果が得られる。しかし，遅延量とフィルタ係数を個々に設定しなけれ
ばならず，エコー生成フィルタとして用いるには，汎用性に乏しい。

一方，フィルタ係数の設定を簡単にした，**ディレイ**（delay）と呼ばれるエ
コー生成フィルタが知られている。これは，一定の遅延量ごとに，フィルタ係
数がべき乗で減衰するフィルタである。

ディレイは，次式のように表現できる。

$$y(n) = \sum_{m=0}^{M} \alpha^m x(n - mD) \tag{6.3}$$

ここで，D は一定の遅延量，α（< 1）は減衰を決定するフィルタ係数である。
このモデルでは，D と α だけを設定すれば，エコーを実現するフィルタが決定
される。D と α をともに大きくすると，持続時間の長いエコーが表現できる。

ディレイを実現するフィルタ構成を**図 6.4** に示す。各時刻において，出力信
号を得るために必要な乗算の数は M 回である。また，過去の観測信号を記憶
しておくために，MD 個のメモリが必要となる。

音声信号に対するディレイの出力結果を**図 6.5** に示す。ただし，サンプリン
グ周波数を 16 kHz，$M = 8$，$D = 2\,000$，$\alpha = 0.9$ として式 (6.3) から出力を

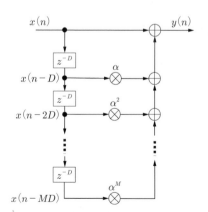

図 6.4 ディレイによる
エコー生成フィルタ

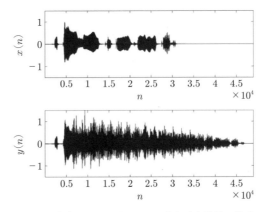

図 6.5 音声にディレイ・エコーをかけた結果の波形

計算した。結果から，エコーの影響で，減衰が緩やかになり，長く尾を引く波形となっていることがわかる。

6.1.3 リ バ ー ブ

ディレイでは，各反射音が観測された時点で役目を終え，消失するというモデルとなっている。しかし，狭い空間では，観測された反射音も，再び壁や天井に反射して戻ってくる。このようなエコーを表現するフィルタが**リバーブ** (reverb) である。

観測信号には，直接音 $x(n)$ と反射音が含まれる。この観測信号全体が，遅延と減衰を経て再び反射音として観測信号に加わる。これは，IIR フィルタの再帰構造である。ただし，一般的な IIR フィルタとして

$$y(n) = x(n) + \sum_{l=1}^{L-1} h_l y(n-l) \tag{6.4}$$

のように表現すると，h_l を個々に設定しなければならず，汎用性に乏しい。

そこで，リバーブにおいても，ディレイと同様に，一つのフィルタ係数と遅延量だけで設計する。リバーブによる観測信号は

$$y(n) = x(n) + \beta y(n-D) \tag{6.5}$$

のように簡単な式で与えられる。ここで，βはフィルタ係数（$\beta < 1$），Dは遅延量である。

リバーブを実現するフィルタ構成を**図 6.6**に示す。

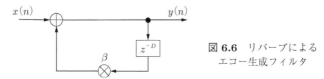

図 6.6 リバーブによる
エコー生成フィルタ

リバーブでは，一つの出力を得るために必要な乗算の回数は 1 回だけである。また，過去の出力を記憶しておくために，D個のメモリが必要となる。例として，$y(n) = x(n) + 0.8y(n - 2\,000)$と設定したリバーブの出力結果を**図 6.7**に示す。結果から，波形が減衰せずに長く続き，エコー効果が得られていることが確認できる。

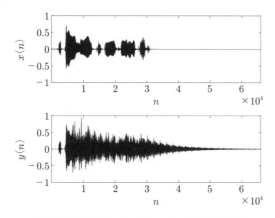

図 6.7 音声にリバーブでエコーをかけた結果

6.2 正弦波の乗算によるボイスチェンジャ

本節では，音声に正弦波を乗算することでつくる，ボイスチェンジャについて説明する。正弦波を乗じることで，どのような変化が音声に起こるのかを明らかにする。

6.2.1　正弦波の乗算

最も簡単なボイスチェンジャとして，正弦波を音声に乗じる方法が知られている。これは AM 変調として説明されることもあるが，実際には **DSB-SC**（double side band-suppressed carrier）と呼ばれる変調方式となっている[†]。

もとの音声を $x(n)$，正弦波を乗じた信号を $y(n)$ とすると，ボイスチェンジャの出力は

$$y(n) = \cos(\omega_c n + \theta) \times x(n) \tag{6.6}$$

と書ける。ただし，ω_c, θ は乗算する正弦波の正規化角周波数および初期位相である。もちろん，cos を sin で表現してもよい。**図 6.8** に正弦波を乗算するボイスチェンジャのブロック図を示す。

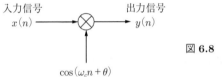

図 **6.8**　音声に正弦波を乗算する
ボイスチェンジャ

6.2.2　正弦波乗算の効果

図 6.8 の構成，つまり式 (6.6) を用いれば，簡単にボイスチェンジャが実現できる。ここで，正弦波を乗じることによって，音声信号 $x(n)$ にどのような変化が生じるのかを確認しておく。

フーリエ変換および逆フーリエ変換の関係からわかるように，音声信号 $x(n)$ は，単純な正弦波の集まりとして表現できる。そこで，音声を構成する一つの正弦波を取り出し，これを $A\cos(\omega_1 n + \phi)$ とする。ただし，A, ω_1, ϕ は，それぞれ振幅，正規化角周波数，初期位相を表す。式 (6.6) で $\theta = 0$ として，$x(n) = A\cos(\omega_1 n + \phi)$ を代入すると

[†]　AM 変調は，$y(n) = (1 + x(n))\cos(\omega_c n) = \cos(\omega_c n) + x(n)\cos(\omega_c n)$ として与えられる。DSB-SC は，右辺第 1 項の $\cos(\omega_c n)$ を削除したものである。

$$y(n) = \cos(\omega_c n) A \cos(\omega_1 n + \phi)$$

$$= \frac{A}{2} \cos\left\{(\omega_1 + \omega_c)n + \phi\right\} + \frac{A}{2} \cos\left\{(\omega_1 - \omega_c)n + \phi\right\} \quad (6.7)$$

となる。すなわち，もとの ω_1 の正弦波が，それぞれ半分の振幅をもつ $\omega_1 \pm \omega_c$ の二つの正弦波に分割され，ω_1 の正弦波は消失する。ここで，サンプリング周波数を F_s，もとの周波数を F_1 として，正規化角周波数を $\omega_1 = 2\pi\dfrac{F_1}{F_s}$, $\omega_c = 2\pi\dfrac{F_c}{F_s}$ のように表現すれば，もとの周波数 F_1〔Hz〕が $F_1 \pm F_c$〔Hz〕に分離するということである。

　例として，3 kHz の正弦波を入力信号 $x(n)$ として，1 kHz の正弦波を乗じるシミュレーションを行った。ただし，サンプリング周波数は 16 kHz とした。結果のスペクトログラムを**図 6.9** に示す。ここで，スペクトログラムは，STFT のフレーム長を 512，ハン窓を用いたハーフオーバラップで作成した。また，上段が入力信号 $x(n)$ で，下段が正弦波を乗じた結果の出力信号 $y(n)$ である。結果から，3 kHz の正弦波が，4 kHz（=3 kHz+1 kHz）と 2 kHz（=3 kHz−1 kHz）の二つに分離していることが確認できる。

　入力信号 $x(n)$ および出力信号 $y(n)$ の DFT から得られた振幅スペクトルを，**図 6.10** に示しておく。ここで，DFT に用いたサンプル数は，いずれも 16 000

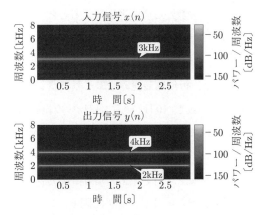

図 6.9　3 kHz の正弦波に 1 kHz の正弦波を
乗じた結果のスペクトログラム

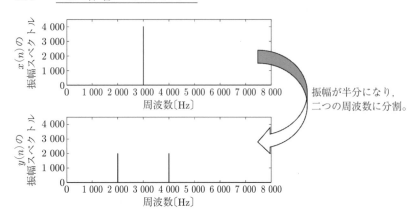

図 **6.10** 3 kHz の正弦波に 1 kHz の正弦波を乗じた結果の DFT 振幅スペクトル

サンプルとした†。結果から，3 kHz の正弦波が，4 kHz（=3 kHz+1 kHz）と 2 kHz（=3 kHz−1 kHz）の二つに分割されていることが確認できる。また，分割された周波数の振幅は，もとの半分の大きさとなることがわかる。

6.2.3 折り返し歪みの影響

図 6.10 のシミュレーションでは，16 kHz サンプリングの信号を対象としたので，サンプリング定理から，表現できる周波数の範囲は，0 Hz から 8 kHz となる。もし，乗算結果の周波数がこの範囲を超えるとどうなるだろうか。

例として，サンプリング周波数を 16 kHz として，3 kHz の正弦波をもとの信号としよう。もとの信号に，6 kHz の正弦波を乗じれば，3 kHz±6 kHz=−3 kHz, 9 kHz となる。この場合は，**折り返し歪み（エイリアシング**（aliasing））が生じ，それぞれ表現可能な周波数（0 Hz から 8 kHz）の範囲内に折り返される。すなわち，−3 kHz は 0 Hz で折り返して 3 kHz となり，9 kHz は 8 kHz で折り返して 7 kHz となる。

この条件でシミュレーションを行い，入力信号と出力信号のスペクトログラムと振幅スペクトルをそれぞれ計算した結果を**図 6.11** に示す。図に示すよう

---

† サンプリング周波数と DFT に用いるサンプル数が同じ場合は，周波数番号が実際の周波数に一致する。すなわち，周波数番号 k が，k〔Hz〕に対応する。

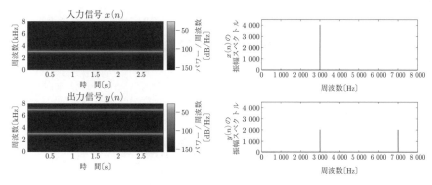

図 6.11 3 kHz の正弦波に 6 kHz の正弦波を乗じた結果の
スペクトログラムと振幅スペクトル

に，入力信号である 3 kHz の正弦波に対し，出力信号では，振幅が半分となっ
た，3 kHz と 7 kHz の周波数が現れていることがわかる。この場合，折り返し
歪みの影響で，もとの 3 kHz の周波数は振幅が半分になって残り，新たな周波
数として 7 kHz が出現した状態となっている。

6.2.4　音声に正弦波を乗じた結果

正弦波を乗じるボイスチェンジャでは，前項で説明した現象が音声を構成す
る各周波数に対して起こる。つまり，周波数 F_c 〔Hz〕の正弦波を乗じると，音
声のある周波数 F 〔Hz〕が $F \pm F_c$ 〔Hz〕に分離する。

逆に，F_c 〔Hz〕に音声が乗じられるという見方もできる。この視点では，$F_c \pm F$
〔Hz〕となるから，F_c 〔Hz〕を中心として，低域側と高域側にそれぞれ音声の
周波数成分が現れる。

16 kHz サンプリングの音声に 1 kHz の正弦波を乗じた結果の波形を**図 6.12**
に示す。また，そのスペクトグラムを**図 6.13** に示す。図から 1 kHz を中心に
音声が高低に偶対称に分離している様子が確認できる。

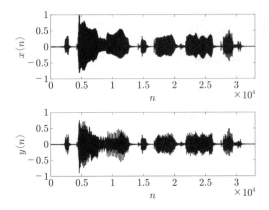

図 6.12　音声に 1 kHz の正弦波を乗じた結果の波形

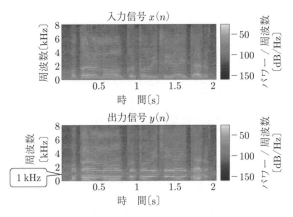

図 6.13　音声に 1 kHz の正弦波を乗じた結果の
　　　　スペクトログラム

6.3　リングバッファによるボイスチェンジャ

リングバッファ（ring buffer）をうまく用いれば，簡単に声の高さを変更することができる。ここでは，リングバッファを使って声の高さが変化する原理について説明する。また，単純な方式では音質劣化が生じるため，これを避ける方法についても解説する。

6.3.1　リングバッファ

リングバッファを用いると，音声の高さを任意に変更することができ，ボイスチェンジャとして利用できる。

バッファ（buffer）とは，データを一時記憶しておく箱である。リングバッファは，**図 6.14** に示すように，バッファの先頭と末尾を接続した形をしている。

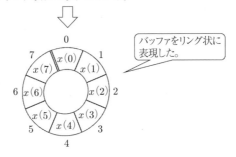

図 6.14　リングバッファの説明図

図の例では，バッファに記憶できる数を 8 個としている。それぞれの箱には 0 から 7 までの番号が付してある。

まず，時刻 0 において，観測信号 $x(0)$ を読み込んで，0 番の箱に格納する。つぎに，時刻 1 では $x(1)$ を 1 番の箱に格納する。続く時刻 2 では $x(2)$ を 2 番の箱に格納する。

このようにして，7 番の箱まで観測信号を順次格納する。そして，時刻 8 においては，最初の 0 番の箱に戻り，$x(0)$ を削除して，$x(8)$ を格納する。つまり，上書きする。

つぎの時刻 9 では，1 番の箱に $x(9)$ を上書きして格納する。最後の箱と最初の箱が連続しているので，バッファがリング状になっているとイメージできる。

そこで，このようなバッファをリングバッファと呼ぶ。

6.3.2　音の高さの変更

　リングバッファによるボイスチェンジャは，一定の長さのリングバッファに音声を順次記録し，読み出し位置を変更して音の高さを変更する方法である。ここでは，その原理について説明する。

　簡単な例として，**図 6.15** に示すように，周期が 8 サンプルの観測信号を，長さ 8 のリングバッファに格納することを考える。リングバッファには，各時刻において観測信号が順次書き込まれるが，観測信号の周期が 8 なので，格納されている数値は変化しない。この状態で，格納されている値を番号順に読み出して出力すると，観測信号がそのまま出力される。

観測信号

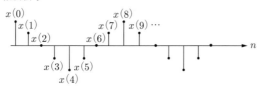

リングバッファ

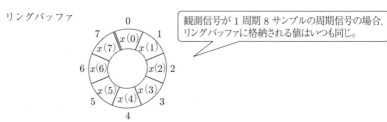

観測信号が 1 周期 8 サンプルの周期信号の場合，リングバッファに格納される値はいつも同じ。

リングバッファの書き込みと読み出しの対応関係

n	0	1	2	3	4	5	6	7	8	9	10	…
書き込み	0	1	2	3	4	5	6	7	0	1	2	…
読み出し	0	2	4	6	0	2	4	6	0	2	4	…

対応するバッファの箱の番号

2 倍速で読み出すと高さ（周波数）が 2 倍になる。

図 6.15　リングバッファによる音の高さの変更

一方, 読み出し番号を2の倍数に変更して順次出力すると, 周期が半分となるので, 高さが2倍となった出力が得られる。これは, 2倍の早回し再生に対応する。この原理を利用すれば, 音の高さを変更することができる。

6.3.3 音声に対するリングバッファの長さ

音声に対しては, どの程度の長さのリングバッファを用意すればよいだろうか。音声は, 10 ms から 30 ms 程度の短時間ならば, その性質が大きく変化しないことが知られている。特に有声音の場合は, ほぼ周期信号とみなすことができる。

例として, **図 6.16** に音声波形を示す。また, 音声波形のうち, 0.60 s から 0.63 s の 30 ms 間を拡大した波形も示している。拡大図は, 女声の有声音「え」の一部である。図から, ほぼ周期信号であることがわかる。音声に対するリングバッファの長さは, 音声が定常とみなせる 10 ms から 30 ms 程度に設定すれば効果的である。

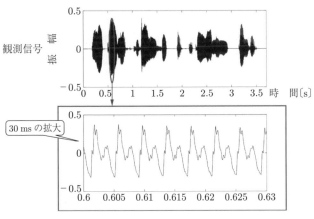

図 6.16 30 ms の音声波形の拡大図

6.3.4 リングバッファによるボイスチェンジャ

時刻 n における音声を $x(n)$ とし, 長さ M のリングバッファ $B_M(m), m = 0, 1, \cdots, M-1$ に格納する場合

$$B_M(n \bmod M) = x(n) \tag{6.8}$$

となる。ここで，$a \bmod b$ は，整数 a, b について，a/b の整数の余りを返す演算（**モジュロ演算**（modulo arithmetic））を表す。例えば，$1 \bmod 2 = 1$，$2 \bmod 2 = 0$，$3 \bmod 2 = 1$ などである。

リングバッファへの音声の書き込み位置と読み出し位置が同じ場合，出力は

$$y(n) = B_M(n \bmod M) \tag{6.9}$$

となる。これは，式 (6.8) より，$y(n) = x(n)$ の素通しであることがわかる。

つぎに，読み出し位置を 2 倍の速度で変更すると

$$y(n) = B_M(2n \bmod M) \tag{6.10}$$

となり，リングバッファに格納されている音声が一つ飛ばしに読み出される。すなわち，2 倍の速度で音声が出力される。リングバッファに格納されている波形が周期波形ならば，リアルタイムで 2 倍速の音声が再生される。

つまり，r 倍の速度で音声の読み出し位置を変更すれば，再生時間を短くすることなく，r 倍速の再生音と同じような音声が出力される。このとき，声の高さは r 倍となる。

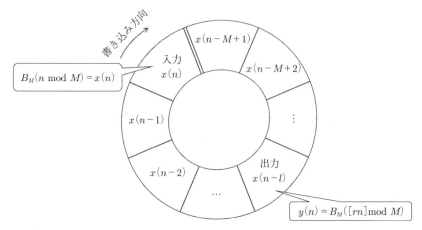

図 **6.17**　リングバッファによるボイスチェンジャの概念図

リングバッファによるボイスチェンジャの出力は次式で与えられる。

$$y(n) = B_M([rn] \bmod M) \tag{6.11}$$

ここで，$[rn]$ は，rn を四捨五入して整数化する操作を表す。

リングバッファによるボイスチェンジャの概念図を**図 6.17** に示す。ここで，出力が $B_M([rn] \bmod M) = x(n-l)$ となった場合を想定している。

例題 6.2

　リングバッファを用い，声の高さを r 倍にするボイスチェンジャの手順を示せ。ただし，リングバッファのサイズは M とする。

【解答】 リングバッファ $B_M(0),\ B_M(1),\ \cdots,\ B_M(M-1)$ を準備しておく。

1. 初期状態 $n = 0$ から始める。
2. 時刻 n における観測信号 $x(n)$ を得る。
3. $B_M(n \bmod M) = x(n)$ として $x(n)$ を格納する。
4. バッファの読み出し位置 $n_{\text{out}} = [rn]$ を計算する。
5. $y(n) = B_M(n_{\text{out}} \bmod M)$ を出力する。
6. $n \leftarrow n+1$ として，2. に戻る。 ■

リングバッファによるボイスチェンジャのシミュレーションを行った。サンプリング周波数 16 kHz の男声に対し，$r = 2$ として声の高さを 2 倍にした。ただし，バッファサイズは $M = 512$ サンプル（32 ms）とした。

　結果の波形とスペクトログラムを**図 6.18** に示す。ここで，$x(n)$ が入力信号，$y(n)$ がリングバッファによるボイスチェンジャの結果である。スペクトログラムからわかるように，原音声の基本周波数が 2 倍になり，それぞれの高調波の間隔も 2 倍に広がっていることがわかる。

　一方，出力 $y(n)$ のスペクトログラムを見ると，複数の垂直線が等間隔に出現していることが確認できる。これは，リングバッファの先頭と末尾の接続において，波形の不連続が生じるためである。音を聞くと，ノイズが周期的に生じていることが知覚できる。

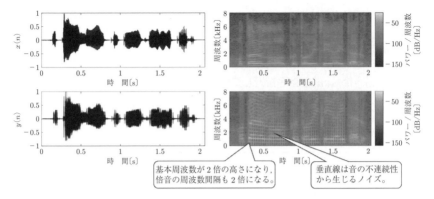

図 **6.18**　リングバッファによるボイスチェンジャの結果

6.3.5　リングバッファの不連続性を回避する方法

前項で説明した，サイズ M のリングバッファ $B_M(m)$, $m = 0, 1, \cdots, M-1$ を**図 6.19** に示す。ただし，$p_{\text{in}} = n \bmod M$, $p_{\text{out}} = [rn] \bmod M$ としている。よって，入力信号は，$B_M(p_{\text{in}}) = x(n)$ のように格納され，出力信号は，$y(n) = B_M(p_{\text{out}})$ で与えられる。

この構成では，リングバッファの先頭と末尾で波形が不連続となるため，

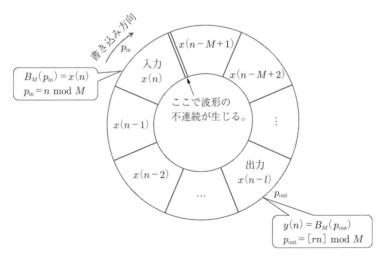

図 **6.19**　単純なリングバッファによるボイスチェンジャ

図 6.18 にも示したように，出力音声に劣化が生じる。

　波形の不連続を回避する一つの方法は，リングバッファの先頭と末尾を重複させて，フェードイン・フェードアウトで接続することである。そこで，サイズ M のリングバッファ $B_M(m)$, $m = 0, 1, \cdots, M-1$ に対し，先頭の L 個と末尾の L 個を重複させ，両者に重みを付けて加算する。ただし，重みは，右回りに先頭側がフェードアウト，末尾側がフェードインになるように設定する。

　この様子を**図 6.20**(a) に示す。ここで，重複部分における斜線で区切られた面積は，それぞれの信号に対する重みを表現している。また，リングバッファのサイズは $M-L$ となる。

　さらに，重みを明示した重複部分の状態を図 (b) に示している。同じ位置に

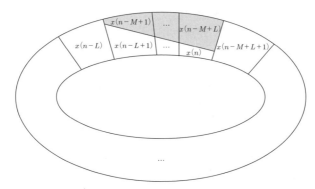

　（a）　L だけ重複させ，重みを付けて加算(サイズ $K = M - L$ の
　　　　　リングバッファをつくる)

重み	$\dfrac{L}{L+1}$	$\dfrac{L-1}{L+1}$	$\cdots$	$\dfrac{l-1}{L+1}$	$\cdots$	$\dfrac{2}{L+1}$	$\dfrac{1}{L+1}$
	$x(n-L+1)$	$x(n-L+2)$	$\cdots$	$x(n-l)$	$\cdots$	$x(n-1)$	$x(n)$

+

	$x(n-M+1)$	$x(n-M+2)$	$\cdots$	$x(n-M+L-l)$	$\cdots$	$x(n-M+L-1)$	$x(n-M+L)$
重み	$\dfrac{1}{L+1}$	$\dfrac{2}{L+1}$	$\cdots$	$\dfrac{L-l}{L+1}$	$\cdots$	$\dfrac{L-1}{L+1}$	$\dfrac{L}{L+1}$

　（b）　重複部分の状態(それぞれ対応する重みが乗算されてから加算される)

　　図 6.20　リングバッファをフェードイン・フェードアウトで接続する構成

ある二つの信号に，それぞれ重みが乗算され，両者の和として，重複部分が完成する。ここで，対になる二つの重みの和は，1になるように設計している。例えば，$\dfrac{L}{L+1}$ に対応する重みは，$\dfrac{1}{L+1}$ となる。

6.3.6　不連続性を回避したボイスチェンジャの実現

図 6.20(a) で示した，サイズ $K = M - L$ のリングバッファを構成すれば，波形の不連続性を回避できる。この場合，重複部分を構成するために，各時刻で $2L$ 回の乗算と L 回の加算がそれぞれ必要になる。しかし，リングバッファの出力信号の位置が，重複部分ではない場合，そのような計算は不要である。

そこで，図 6.20 のリングバッファと等価で，出力信号が重複部分の場合のみ，重み付き加算を計算する方法を考える。ここでは，サイズがそれぞれ K, L の二つのリングバッファ C_K, D_L を用いる。両者は，以下のようにリングバッファを構成する。

$$C_K(p_\text{in}) = x(n), \qquad p_\text{in} = n \bmod K \tag{6.12}$$

$$D_L(d_\text{in}) = x(n-K), \quad d_\text{in} = n \bmod L \tag{6.13}$$

つまり，C_K は，$x(n)$, $x(n-1)$, $\cdots$, $x(n-K+1)$ を格納し，D_L は $x(n-K)$, $x(n-K-1)$, $\cdots$, $x(n-K-L+1)$ を格納する。**図 6.21** にリングバッファ C_K, D_L の構成を示す。

図 (a) のリングバッファにおいて，声の高さを r 倍にするときの出力信号の位置は，$p_\text{out} = [rn] \bmod K$ である。ここで，$C_K(p_\text{out}) = x(n-l)$ であるとしよう。このとき，ボイスチェンジャ出力は，次式で与えられる。

$$y(n) = \begin{cases} \dfrac{l+1}{L+1} C_K(p_\text{out}) + \dfrac{L-l}{L+1} D_L(d_\text{out}), & 0 \le l < L \\ C_K(p_\text{out}), & \text{otherwise} \end{cases} \tag{6.14}$$

$$d_\text{out} = (n-l) \bmod L \tag{6.15}$$

式 (6.14) によれば，出力信号の位置が重複部分であるときに限り，重み付き加算が計算される。

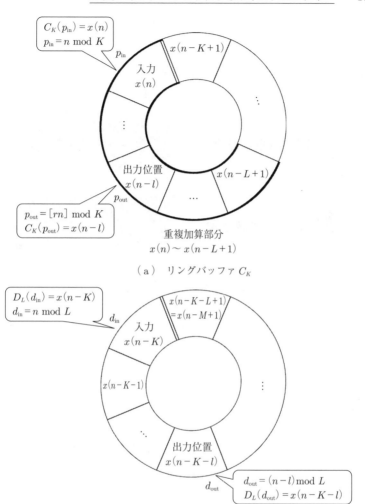

（ａ）　リングバッファ C_K

（ｂ）　リングバッファ D_L

図 **6.21**　二つのリングバッファ C_K, D_L の構成

　リングバッファの先頭と末尾を重複させた場合のボイスチェンジャのシミュ
レーションを行った。サンプリング周波数 16 kHz の男声に対し，$r = 2$ として声
の高さを 2 倍にした。ただし，バッファサイズを $M = 512$ サンプル (32 ms) と
して，重複サンプル数を $L = 160$ (1 ms) とした。つまり，$K = 512 - 160 = 352$

なので，C_{352} と D_{160} のリングバッファを利用した。

入力信号 $x(n)$ と出力信号 $y(n)$ の波形およびスペクトログラムの結果を**図 6.22** に示す。図 6.18 の結果と比較すればわかるように，出力信号 $y(n)$ のスペクトログラムから，垂直方向のノイズが生じていないことが確認できる。

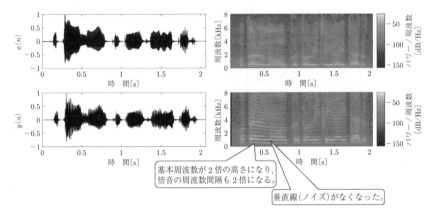

図 6.22 リングバッファをフェードイン・フェードアウトで接続した場合のボイスチェンジャの結果

6.4 話速変換とピッチシフタ

前節のリングバッファを用いた声の高さの変更では，波形の不連続性を回避する方法を紹介した。しかし，リングバッファ方式で声の高さを 2 倍に変更すると，声の最大周波数がナイキスト周波数を超えるため，必ず折り返し歪み（エイリアシング）が生じる。本節では，折り返し歪みを生じさせずに，声の高さを変更する，いわゆる**ピッチシフタ**（pitch shifter）と呼ばれる方法を説明する。ピッチシフタを実現するためには，**リサンプリング**（resampling）と，**話速変換**（speech rate conversion）の技術が必要となる[11]。

6.4.1 リサンプリング

リサンプリングは，ディジタル信号を補間して連続信号に戻し，これを改め

て任意のサンプリング周波数でサンプリングする方法である。リサンプリング
を用いれば，サンプリング周波数の変換，および早回し，遅回し再生が実現で
きる。

　例えば，サンプリング周波数 F_s でサンプリングしたディジタル信号では，1
秒間に F_s 個のサンプルがある。ディジタル信号を補間し，改めてサンプリン
グ周波数 $2F_s$ でサンプリングすれば，1 秒間のサンプル数は $2F_s$ 個となる。こ
の時点で，サンプリング周波数は F_s から $2F_s$ に変更されており，リサンプリ
ングは完了である。この様子を**図 6.23** に示す。

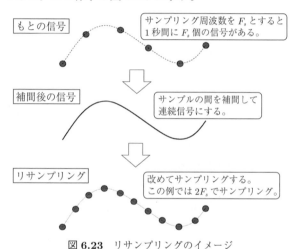

もとの信号

サンプリング周波数を F_s とすると
1 秒間に F_s 個の信号がある。

補間後の信号

サンプルの間を補間して
連続信号にする。

リサンプリング

改めてサンプリングする。
この例では $2F_s$ でサンプリング。

図 6.23　リサンプリングのイメージ

　サンプリング周波数 $2F_s$ でリサンプリングした信号を，サンプリング周波数
$2F_s$ で再生すると，通常の再生音となる。一方，もとのサンプリング周波数 F_s
で再生すると，1/2 倍速の遅回し再生となる。

　このように，リサンプリングは，サンプリング周波数の変換だけでなく，任
意の早回し，遅回し再生を実現するツールとしても利用できる。

6.4.2　もとの信号とリサンプリング後の信号の対応関係

　リサンプリングを実現するために，もとの信号とリサンプリング後の信号の
対応を明確にしておく。

まず，サンプリング周波数 F_s〔Hz〕の信号を $x(n)$ とする。ここで，n は整数である。サンプリング周波数が F_s なので，1秒間に $x(0)$, $x(1)$, $\cdots$, $x(F_s-1)$ までの F_s 個のサンプルがある†。**図 6.24** の最上段に $x(n)$ を示す。

つぎに，飛び飛びの値として存在する $x(n)$ を補間して，連続時間信号を作成

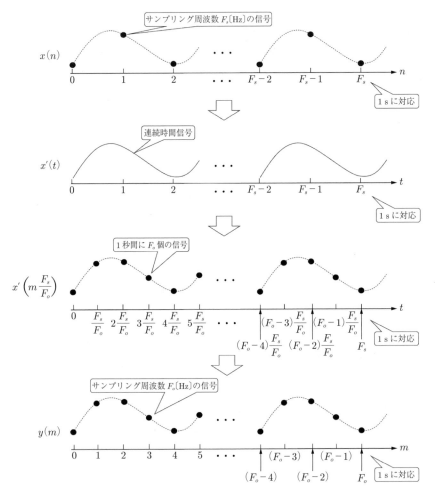

図 6.24 もとの信号 $x(n)$ とリサンプリングした信号 $y(n)$ の関係

---

† $x(F_s)$ は，つぎの1秒間の開始位置であることに注意しよう。よって，$x(F_s)$ の直前までが最初の1秒間である。

する（方法は 6.4.3 項で述べる）。すると，図の 2 段目の信号 $x'(t)$ が得られる。ここで，t は連続時間を表している。ただし，$t = F_s$ が 1 s に対応していることに注意しよう。

連続時間信号 $x'(t)$ が得られたので，つぎに，新しいサンプリング周波数 F_o〔Hz〕でリサンプリングする。このとき，1 秒間に F_o 個のサンプルが必要である。よって，図の 3 段目に示すように，$x'(t)$ において，$t = m\dfrac{F_s}{F_o}$, $m = 0,\ 1,\ \cdots$ の位置の信号を取得すればよい。ここで，$m = F_o$ で $t = F_s$ となるから，ちょうど F_o 個の信号が 1 秒間に対応していることがわかる。

最後に，図の 4 段目のように，横軸を整数 m で表現すれば，サンプリング周波数 F_o〔Hz〕の信号 $y(m)$ が得られる。

まとめると，入力信号 $x(n)$ を連続時間にした信号を $x'(t)$ として，リサンプリング後の出力信号を $y(m)$ とする。このとき

$$y(m) = x'\left(m\frac{F_s}{F_o}\right) \tag{6.16}$$

となる。ここで，$m = 0,\ 1,\ \cdots$ である。

6.4.3 ディジタル信号から連続時間信号への変換

サンプリング周波数 F_s〔Hz〕の信号 $x(n)$ から，連続時間信号 $x'(t)$ を取得すれば，式 (6.16) に従って，新しいサンプリング周波数 F_o〔Hz〕の信号が得られる。

連続時間信号 $x'(t)$ を取得するためには，ナイキスト周波数 $F_s/2$ を遮断周波数とする，理想的な LPF に $x(n)$ を通過させればよい。理想的な LPF の出力は次式で与えられる。

$$x'(t) = \sum_{l=-\infty}^{\infty} x(l)\mathrm{sinc}(t - l) \tag{6.17}$$

$$\mathrm{sinc}(x) = \frac{\sin(\pi x)}{\pi x} \tag{6.18}$$

sinc($\cdot$) は **sinc 関数**（sinc function）と呼ばれる。sinc 関数では，$x = 0$ のとき，0/0 になり，計算ができないように見える。しかし，**ロピタルの定理**

(l'Hospital's rule) を用いれば，$\displaystyle\lim_{z \to 0} \frac{\sin z}{z} = 1$ より，$\mathrm{sinc}(0) = 1$ となること に注意しよう。

さて，サンプリング定理より，$x(n)$ は，$F_s/2$〔Hz〕以上の周波数をもたな い。よって，新しいサンプリング周波数 F_o が，F_s よりも大きい場合には，$F_s/2 < F_o/2$ より，式 (6.17) を用いても特に問題は生じない。

しかし，$F_o < F_s$ の場合は，新しい信号 $y(n)$ に含まれる周波数は，$F_o/2$ 未 満に制限されなければならない。この場合は，$x(n)$ を通過させる理想 LPF の 遮断周波数を $F_s/2$ ではなく，より低い $F_o/2$ に設定する必要がある。このと き，LPF 出力は次式で与えられる。

$$x'(t) = \frac{F_o}{F_s} \sum_{l=-\infty}^{\infty} x(l)\mathrm{sinc}\left(\frac{F_o}{F_s}(t-l)\right) \tag{6.19}$$

ここで，$F_o = F_s$ とすると，式 (6.17) に一致する。

リサンプリングにおける表現可能な周波数の範囲を**図 6.25** に示しておく。こ の関係から，$F_o < F_s$ のときは，もとの信号の周波数成分が失われることがわ かる。

6.4.4　リサンプリングの実現

式 (6.17)，(6.19) は無限の積和演算を必要とするため，実際には計算するこ とができない。そこで，リサンプリングを近似計算により実現する方法につい て述べる。

もとの信号 $x(n)$ のサンプリング周波数を F_s〔Hz〕としよう。また，リサン プリングした信号を $y(m), m = 0, 1, \cdots$ とし，そのサンプリング周波数を F_o 〔Hz〕とする。$F_o \geq F_s$ として，式 (6.16) を，式 (6.17) を用いて表すと

$$y(m) = x'\left(m\frac{F_s}{F_o}\right) = \sum_{l=-\infty}^{\infty} x(l)\mathrm{sinc}\left(m\frac{F_s}{F_o} - l\right) \tag{6.20}$$

である。ここで，mF_s/F_o を以下のように整数部と小数部に分ける。

$$m_i = \left\lfloor m\frac{F_s}{F_o} \right\rfloor \tag{6.21}$$

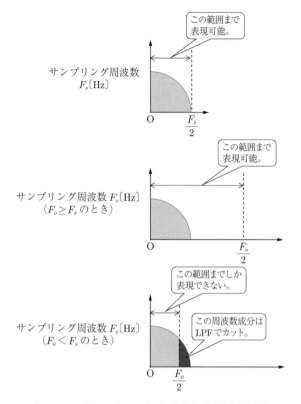

図 6.25　リサンプリングにおける表現可能な周波数

$$m_d = m\frac{F_s}{F_o} - m_i \tag{6.22}$$

ただし，$\lfloor c \rfloor$ は床関数であり，c の整数部分を取得する関数である。
$m\dfrac{F_s}{F_o} = m_i + m_d$ を式 (6.20) に代入すると

$$y(m) = \sum_{l=-\infty}^{\infty} x(l)\mathrm{sinc}(m_i + m_d - l) \tag{6.23}$$

となる。

　つぎに，$k = l - m_i$ とおく。m_i は定数なので，l が $-\infty$ から ∞ まで動くとき，k も $-\infty$ から ∞ まで動く。よって

$$y(m) = \sum_{k=-\infty}^{\infty} x(m_i + k)\text{sinc}(m_d - k)$$

$$= \sum_{k=-\infty}^{\infty} x(m_i + k)\text{sinc}(k - m_d) \tag{6.24}$$

を得る。最後の変換は，sinc 関数が偶関数であり，$\text{sinc}(-x) = \text{sinc}(x)$ であることから成立する。

式 (6.24) は，$y(m)$ に時間的に近い $x(m_i)$ を中心に計算する式になっている。また，sinc 関数の性質から，$x(m_i)$ から遠いサンプルほど，積和演算の重みは小さくなる。よって，$x(m_i)$ 周辺を計算するだけで効率よく近似値が得られる。

そこで，積和演算の範囲を $-L$ から L までの範囲に限定して近似計算を行い，リサンプリングを実現する。すなわち，$F_o \geq F_s$ の場合は

$$y(m) = \sum_{k=-L}^{L} x(m_i + k)\text{sinc}(k - m_d) \tag{6.25}$$

として，新しいサンプルを得る。同様に，$F_o < F_s$ の場合は

$$y(m) = \frac{F_o}{F_s} \sum_{k=-L}^{L} x(m_i + k)\text{sinc}\left(\frac{F_o}{F_s}(k - m_d)\right) \tag{6.26}$$

として新しいサンプルを得ることができる。

リサンプリングの効果を確認するため，シミュレーションを行った。もとの信号 $x(n)$ のサンプリング周波数を 16 kHz とし，出力 $y(n)$ のサンプリング周波数を 8 kHz と 48 kHz に設定した。また，$L = 20$ とした。

それぞれのリサンプリングの結果を**図 6.26** に示す。図 (a) がサンプリング周波数を 8 kHz にした結果，図 (b) が 48 kHz にした結果の波形とスペクトログラムである。結果より，波形の変化は，ほぼ生じないが，横軸のサンプル数が増減していることが確認できる。また，スペクトログラムでは，上限の周波数が図 (a) では 4 kHz に，図 (b) では 24 kHz に変化していることが確認できる。しかし，図 (b) のスペクトログラムには，8 kHz から 24 kHz に，本来は存在しないはずの周波数成分が生じている（楕円の囲み）。これは，L による計算

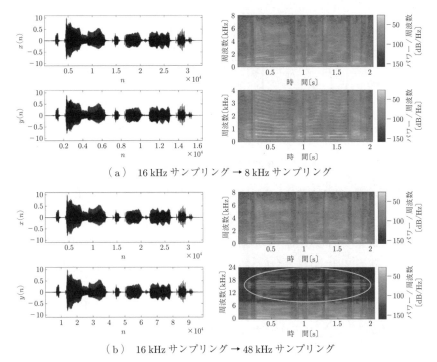

（a） 16 kHz サンプリング → 8 kHz サンプリング

（b） 16 kHz サンプリング → 48 kHz サンプリング

図 6.26 もとのサンプリング周波数を 16 kHz としたリサンプリングの結果

打ち切りの影響で生じたものであり，L を大きくすることで抑制することができる。ただし，L を大きくすると，$y(n)$ を得るための計算量は増大する。

6.4.5 音声の周期を利用した話速変換

有声音は，声帯振動を伴う音声であり，周期性をもつ。また，10 ms から 30 ms 程度の短時間ならば，その性質はほとんど変化しない。

音声の周期を利用すれば，声の高さを変えずに，話す速度を変更することができる。つまり，早口に話す，ゆっくり話すといった変換が可能になる。これを話速変換と呼ぶ。

図 6.27 に音声を拡大した波形を示す。図から，音声が短時間では周期信号とみなせることがわかる。よって，1 周期の波形を削除，あるいは追加すれば，

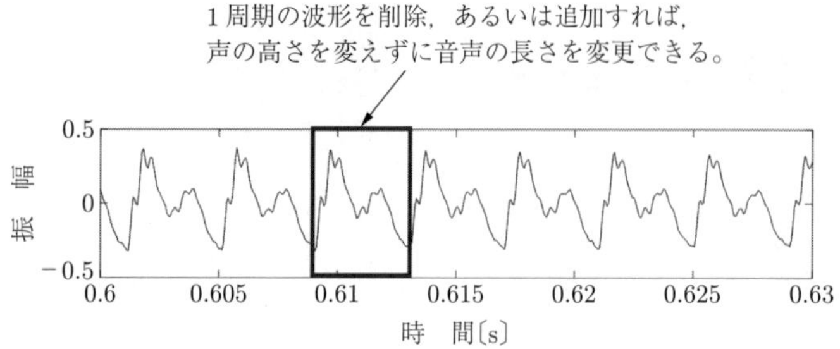

1周期の波形を削除，あるいは追加すれば，
声の高さを変えずに音声の長さを変更できる。

図 **6.27**　話速変換の原理説明

声の高さなどの特性を保持したまま，話す速さを変更できる。これを短時間ごとに実行すると話速変換が実現できる。

　話速変換のためには，音声の周期を求める必要がある。自己相関関数を用いると，音声の周期を取得できる。観測信号を $x(n)$ とすると，自己相関関数は，次式で与えられる。

$$R_{xx}(\tau) = \sum_{n=0}^{N-1} x(n)x(n+\tau) \tag{6.27}$$

ここで，N は自己相関関数を計算するための音声の長さである。また，τ は任意の整数である。

　式 (6.27) は，もとの波形と，時間差 τ の波形を掛け合わせる操作である。ここで，$\tau = 0$ ならば，同じ波形を掛け合わせることになり，$x(n)$ の 2 乗和が $R_{xx}(0)$ として得られる。$x(n)$ が周期 P の周期信号ならば，$R_{xx}(0) = R_{xx}(P)$ となる。

　図 6.28 に，16 kHz サンプリングの音声信号 $x(n)$ から，10 ms の波形を切り出し，その自己相関関数を計算した結果を示す。上から，全体の音声波形 $x(n)$，10 ms（160 サンプル）の切り出し波形 $x(9\,555)$, $x(9\,556)$, $\cdots$, $x(9\,714)$，そして，切り出し波形に対して計算した自己相関関数 $R_{xx}(\tau)$ である。自己相関関数の波形は，横軸が時間差 τ である。図からわかるように，音声の周期を P とすると，$R_{xx}(0) = R_{xx}(P)$ となり，ピークが周期ごとに生じていることがわかる。なお，この波形では，$P = 64$ であった。

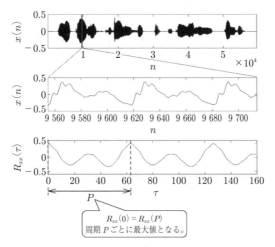

図 **6.28**　10 ms の音声波形に対する自己相関関数 $R_{xx}(\tau)$
($P = 64$)

　よって，自己相関関数のピークを調べることで，音声の周期 P を獲得することができる。

6.4.6　話速を速くする方法

　自己相関関数により，短時間ごとに音声の周期 P が得られたとする。また，もとの信号を $x(n)$，話速変換後の合成音声を $y(n)$ とし，音声の長さに対する変換係数を r とする。$x(n)$ の信号長を M とすると，変換係数 r により，$y(n)$ の信号長は rM になる。

　まず，$r < 1$ で，音声を短くする場合を考え

$$r = \frac{Q}{P + Q} \tag{6.28}$$

とおく。式 (6.28) は，処理単位ごとに，$x(n)$ の $P + Q$ サンプルを使って，$y(n)$ の Q サンプルを合成することを表している。また，式 (6.28) より

$$Q = \frac{r}{1 - r}P \tag{6.29}$$

である。

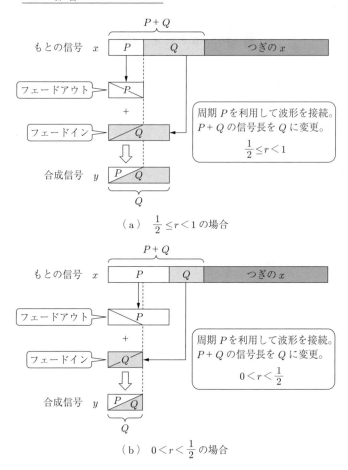

（a） $\frac{1}{2}\leq r<1$ の場合

（b） $0<r<\frac{1}{2}$ の場合

図 6.29 処理単位ごとの話速変換のイメージ（信号長を短くする）

　処理単位ごとの話速変換のイメージを**図 6.29**に示す。ここで，P と Q の関係により，イメージがやや異なる。

　図 (a) は，$Q\geq P$，つまり，$\frac{1}{2}\leq r<1$ の状態を表している。ここで，$x(n)$ の1周期である P サンプルと，つぎの Q サンプルのうち，前半 P サンプルが接続される。結果として，合成音の長さは Q サンプルとなる。また，波形を滑らかに接続するために，フェードイン，フェードアウトでつなぐ，**クロスフェード**（cross fade）を導入する。

図 (b) は，$Q < P$，つまり，$0 < r < \dfrac{1}{2}$ の状態を表している。波形の接続の考え方は同じであるが，この場合，$x(n)$ のうち，$P - Q$ サンプルは，まったく使用されない点が異なる。

話速変換では，信号の長さが変わるため，$x(n)$ と $y(n)$ の時刻インデクスが異なる。そこで，$x(n_i), y(n_o)$ として，時刻インデクスを区別しておく。

変換係数 $r < 1$ の話速変換を実現するには，$m = 0,\ 1,\ \cdots,\ Q-1$ について，以下を計算する。

$$y(n_o + m) = \begin{cases} \dfrac{L-m}{L}x(n_i + m) + \dfrac{m}{L}x(n_i + P + m), & 0 \le m < L \\ x(n_i + P + m), & \text{otherwise} \end{cases}$$
(6.30)

ただし

$$L = \min\{P,\ Q\} \tag{6.31}$$

であり，$\min\{\cdot\}$ は最小値を選択する操作を表す。式 (6.30) で $y(n_o),\ y(n_o + 1),\ \cdots,\ y(n_o + Q - 1)$ が得られたら

$$n_i \leftarrow n_i + P + Q \tag{6.32}$$
$$n_o \leftarrow n_o + Q \tag{6.33}$$

として時刻インデクスを更新する。

サンプリング周波数 16 kHz の音声に対して，話速変換を実行した結果の波形とスペクトログラムを**図 6.30** に示す。ただし，自己相関関数は，処理単位ごとに，10 ms（160 サンプル）の波形から計算した。また，$r = 1/2$ とし，音声の長さを半分にした。

図から，合成音声 $y(n)$ の波形およびスペクトログラムの長さが，もとの音声 $x(n)$ の半分になっていることがわかる。一方，スペクトログラムを見ると，音声のスペクトルがほぼ変化していないことがわかる。これは，声の性質を維持したまま，時間だけが短縮されていることを示している。

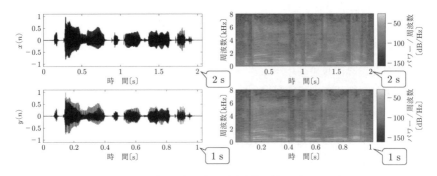

図 6.30 信号長を短くする話速変換の結果 $(r = 1/2)$

6.4.7 話速を遅くする方法

つぎに変換係数が $r > 1$ の場合を考える。このとき，合成音声の長さは長くなるので，話速は遅くなる。

変換係数と処理サンプル数の関係は

$$r = \frac{P + Q}{Q} \tag{6.34}$$

となる。式 (6.34) は，処理単位ごとに，$x(n)$ の Q サンプルを使って，$y(n)$ の $P + Q$ サンプルを合成することを表している。また

$$Q = \frac{1}{r - 1}P \tag{6.35}$$

である。

処理単位ごとの話速変換のイメージを**図 6.31** に示す。ここで，P と Q の関係により，イメージがやや異なる。

図 (a) は，$Q \geq P$，つまり，$1 < r \leq 2$ の状態を表している。この条件では，$x(n)$ の 1 周期に相当する P サンプルは，Q の内部に存在する。

図 (a) の 2 段目では，$x(n)$ の 1 周期である P サンプルは，そのまま利用され，つぎのサンプルからフェードアウトが始まる。3 段目では，$x(n)$ の最初の P サンプルがフェードインとして利用される。これらを加算して，$P + Q$ サンプルの合成信号ができあがる。

つぎに，図 (b) では，$Q < P$，つまり，$r > 2$ の状態を表している。このと

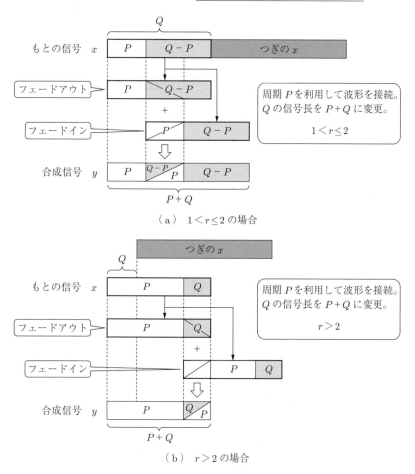

（a）　$1 < r \leq 2$ の場合

（b）　$r > 2$ の場合

図 **6.31**　処理単位ごとの話速変換のイメージ（信号長を伸ばす）

き，$x(n)$ の P サンプルは，もはや Q の内部には収まらない。

　しかし，考え方は図 (a) と同じで，$x(n)$ の最初の P サンプルがそのまま利用され，つぎのサンプルからフェードアウトが始まる。図 (b) の 3 段目では，もとの $x(n)$ の最初の Q サンプルがフェードインとして利用される。ただし，フェードイン後の信号は利用しない。この部分は，つぎの処理で用いる $x(n)$ の先頭のサンプルに一致する。最後に，4 段目で長さ $P + Q$ の合成信号 $y(n)$ が得られる。

このように，$r > 1$ の条件下では，$x(n)$ の最初の 1 周期分をそのまま利用して，さらに同じ信号を再利用して信号長を長くしている。

変換係数 $r > 1$ の話速変換を実現するには，$m = 0,\ 1,\ \cdots,\ P + Q - 1$ について，以下を計算する。

$$
y(n_o + m)
= \begin{cases}
x(n), & 0 \le m < P \\
\dfrac{L - m + P}{L} x(n_i + m) + \dfrac{m - P}{L} x(n_i - P + m), & P \le m < P + L \\
x(n_i - P + m), & P + L \le m < P + Q
\end{cases}
\tag{6.36}
$$

ただし，$L = \min\{P,\ Q\}$ であり，$L = Q$ の場合は，上式の三つ目の条件式は実行されない。式 (6.36) で $y(n_o),\ y(n_o + 1),\ \cdots,\ y(n_o + P + Q - 1)$ が得られたら

$$
n_i \leftarrow n_i + Q \tag{6.37}
$$

$$
n_o \leftarrow n_o + P + Q \tag{6.38}
$$

として時刻インデクスを更新する。

サンプリング周波数 16 kHz の音声に対して，話速変換を実行した結果の波形とスペクトログラムを**図 6.32** に示す。ただし，自己相関関数は，処理単位ご

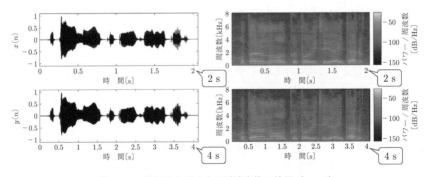

図 6.32 信号長を長くする話速変換の結果（$r = 2$）

とに，$10\,\mathrm{ms}$（160 サンプル）の波形から計算した。また，$r = 2$ とし，音声の長さを 2 倍にした。

図から，合成音声 $y(n)$ の波形およびスペクトログラムの長さが，もとの音声 $x(n)$ の 2 倍になっていることがわかる。一方，スペクトログラムを見ると，音声のスペクトルがほぼ変化していない。よって，声の性質を維持したまま，時間だけが伸長されていることがわかる。

6.4.8　ピッチシフタ

話速変換とリサンプリングを組み合わせるとピッチシフタが実現できる。手順を以下に示す。

1. まず，話速変換で，入力信号 $x(n)$ の信号長を r 倍した信号 $y_1(n)$ を得る。このとき，$y_1(n)$ は，$x(n)$ の声の性質を保持しているため，声の高さは変化しない。

2. つぎに，サンプリング周波数 F_s/r のリサンプリングにより $y_1(n)$ のサンプルの数を $1/r$ にする。この信号を $y_2(n)$ とすると，$y_2(n)$ と $x(n)$ のサンプルの数は同じになる。

3. 最後に，$y_2(n)$ をもとのサンプリング周波数 F_s〔Hz〕で再生する。すると，$y_2(n)$ は r 倍の再生速度になり，再生時間は $x(n)$ と同じ長さになる。これは，声の高さが r 倍になることを示している。

ピッチシフタの効果を確認するため，シミュレーションを行った結果の波形とスペクトログラムを**図 6.33** に示す。ただし，サンプリング周波数を $F_s = 16\,\mathrm{kHz}$ とし，$r = 2$ とした。図の上から順に，入力信号 $x(n)$，話速変換結果 $y_1(n)$，ピッチシフタ結果 $y_2(n)$ である。

話速変換では，$r = 2$ より，声の高さを保持したまま時間長が $x(n)$ の 2 倍になっている。これを，サンプリング周波数 $F_s/2$ のリサンプリングにより，サンプルの数を半分にする。そして，もとのサンプリング周波数 F_s〔Hz〕で再生すれば，声の高さが 2 倍となり，再生時間は入力信号と同じになる。このように，任意の r を設定して，ピッチシフタを実行すると，折り返し歪みを生じさ

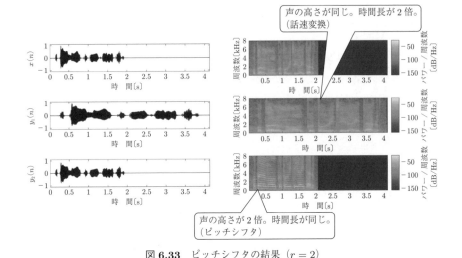

図 6.33 ピッチシフタの結果（$r = 2$）

せることなく，声の高さを r 倍にできる。

6.5　ヘリウムボイス

　市販のヘリウムガスを吸い込んで，声を発すると，面白い声に変化する。この特徴的な声は，**ヘリウムボイス**（helium voice）などと呼ばれる。ヘリウムボイスは，ヘリウムの影響で，音速が増大するために起こる現象である。本節では，ヘリウムボイスの原理を解説し，信号処理によって擬似的にヘリウムボイスを実現する方法について説明する。

6.5.1　音速と波長

　ヘリウムボイスを信号処理によって実現する方法を考えよう。ヘリウムボイスは，ヘリウムガス（実際には酸素とヘリウムの混合気体）を吸い込むことで**音速**（sound speed）が増加し，声道の**共鳴周波数**（resonance frequency）が変化することによって生じる現象である。

　最初に，音速と音の**波長**（wave length）の関係を明確にしておく。音は気圧

に変化を与え，**縦波**（longitudinal wave）となって空間を伝わる。音の発生位置からの距離〔m〕を横軸にして，音による気圧の変化量〔Pa〕（パスカル）を表示すると，ある瞬間における音圧の状態は，**図 6.34** のようになる。ただし，表示している波形は，周波数 F〔Hz〕の**純音**（pure tone）としておく。また，1 周期の長さを波長と呼ぶ。

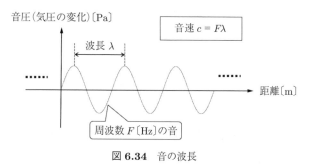

図 **6.34** 音の波長

音速 c〔m/s〕，周波数 F〔Hz〕，波長 λ〔m〕にはつぎの関係がある。

$$c = F\lambda \tag{6.39}$$

ここで，音速は，温度 t〔℃〕によって変化する。我々が普段生活する気温の範囲では，空気中の音速を $c \approx 331.5 + 0.6t$ で近似できることが知られている。この近似式によれば，よく用いられる $c = 340\,\text{m/s}$ は，約 14℃ の気温における音速に対応することがわかる。温度が高くなると音速が増大するので，波長も長くなる。

6.5.2　声道の共鳴周波数と音速の関係

人間の声道を非常に単純化したモデルとして，片側が閉じた管を考える。片側が閉じた管では，管の長さ l〔m〕に対し，波長が $\lambda = 4l$ となる周波数，およびその奇数倍音で共鳴することが知られている。この様子を**図 6.35** に示しておく。

式 (6.39) において，音速が r 倍され，c から rc になったとしよう。このとき

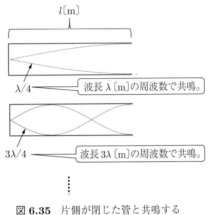

長さ l〔m〕の片側が閉じた管として声道をモデル化（声帯側が閉じ, 唇側は開放）。

l〔m〕

$\lambda/4$ ── 波長 λ〔m〕の周波数で共鳴。

$3\lambda/4$ ── 波長 3λ〔m〕の周波数で共鳴。

図 **6.35**　片側が閉じた管と共鳴する
音の波長 λ の関係

$$rc = rF\lambda \tag{6.40}$$

の関係が成立する。

　片側が閉じた管の共鳴周波数の場合, 波長 $\lambda = 4l$ は変わらないから, 式 (6.40) の関係より, 共鳴周波数は rF〔Hz〕およびその奇数倍音となる。すなわち, 音速が r 倍になると, 共鳴周波数も r 倍に変化する。

6.5.3　スペクトル包絡の伸縮

　ヘリウムガスによる音速の増加が, 通常の音速の r 倍になるとすると, 音声における共鳴周波数, すなわち, フォルマントの位置も r 倍の周波数に移動する。

　ヘリウムボイスによる音声の変化をスペクトルで説明したものを**図 6.36** に示す。

　図において, 音声の微細構造とスペクトル包絡を分離して示している。音速が速くなると, 共鳴周波数が高域に移動する。この際, 微細構造は声帯振動のみで決定されるとし, 音速には依存しないこととする。

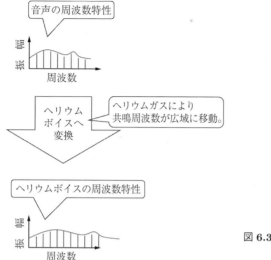

図 **6.36** ヘリウムボイスの
説明図

よって，原理的には，スペクトル包絡だけを r 倍に伸縮させることで，ヘリウムボイスをつくることができる。スペクトル包絡を抽出するためにケプストラムを利用することができる。

観測信号の DFT を $X(k) = |X(k)|e^{j\angle X(k)}$, $k = 0, 1, \cdots, N-1$ とすると，ケプストラムは

$$c(n) = \text{IDFT}[\log|X(k)|] \tag{6.41}$$

のように与えられる。ここで，$n = 0, 1, \cdots, N-1$ であり，$\text{IDFT}[\cdot]$ は，IDFT を実行する操作を表す。対数スペクトル包絡 $H(k)$, $k = 0, 1, \cdots, N-1$ は，低次のケプストラムの DFT として，つぎのように得られる。

$$H(k) = \text{DFT}[c_L(n)] \tag{6.42}$$

$$c_L(n) = \begin{cases} c(n), & n \leq L \text{ または } n \geq N-L \\ 0, & \text{otherwise} \end{cases} \tag{6.43}$$

ここで，$\text{DFT}[\cdot]$ は，DFT の操作を表す。また，L はケプストラムを低次に制限するためのパラメータであり，$c_L(n)$ は，$N/2$ を中心に偶対称となっている。

　対数スペクトル包絡 $H(k)$ に対し，r 倍に伸縮した対数スペクトル包絡を $\tilde{H}(k)$ とする。両者の関係を**図 6.37** に示す。ここで，$H(k) = \tilde{H}(rk)$ に対応している。逆に，$\tilde{H}(k)$ から見ると

$$\tilde{H}(k) = H\left(\frac{k}{r}\right) \tag{6.44}$$

の関係がある。

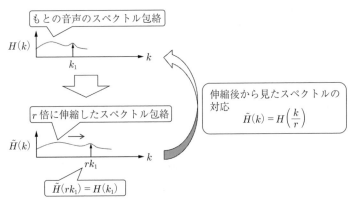

図 6.37　対数スペクトル包絡の r 倍の伸縮

　もとの対数スペクトル包絡 $H(k)$ は，k が整数の位置にのみ値をもつ。ところが，k/r が整数になる保証はなく，この場合は，$H(k/r)$ が取得できない。

　そこで，k/r の前後の整数位置の値から，簡単な線形補間により $H(k/r)$ を得る。この様子を**図 6.38** に示す。ここで，k/r が整数 k' と $k'+1$ の間に存在

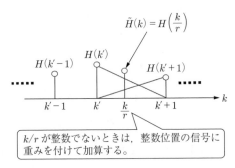

図 6.38　線形補間により $H(k/r)$ を得る

すると仮定している。また，図の斜線は，$H(k')$ と $H(k'+1)$ に対して，それぞれ重みを与えたときの大きさを表現している。

線形補間による $\tilde{H}(k)$ は以下のように計算できる。

$$\tilde{H}(k) = (1 - \alpha_k)H(k') + \alpha_k H(k'+1) \tag{6.45}$$

ただし

$$k' = \left\lfloor \frac{k}{r} \right\rfloor \tag{6.46}$$

$$\alpha_k = \frac{k}{r} - k' \tag{6.47}$$

である。ここで，$\lfloor x \rfloor$ は床関数であり，x の整数部を抽出する操作を表す。ただし，$\tilde{H}(k)$ も $k = N/2$ を中心に偶対称にする必要がある。

6.5.4　ヘリウムボイスの実現

対数スペクトル包絡 $\tilde{H}(k)$ を微細構造の対数振幅スペクトル $G(k)$ と以下のように結合すれば，ヘリウムボイスの振幅スペクトルが得られる。

$$|Y(k)| = \exp\left\{ \tilde{H}(k) + G(k) \right\} \tag{6.48}$$

$$G(k) = \mathrm{DFT}[c(n) - c_L(n)] \tag{6.49}$$

そして，観測信号の位相スペクトル $\angle X(k)$ を利用して，$Y(k) = |Y(k)|e^{j\angle X(k)}$ をつくる。最後に，$Y(k)$ の IDFT により，時間領域のヘリウムボイス $y(n)$ を得る。ヘリウムボイスを生成するためのブロック図を**図 6.39** に示す。

対数スペクトル包絡の伸縮において，$r = 1$ とすると，単なる逆変換となりもとの信号が得られる。ヘリウムは空気の約 3 倍の音速となるので $r = 3$ であるが，市販のヘリウムガスは安全のため酸素が混入している。よって，$1.5 < r < 2$ 程度の設定が実際のヘリウムボイスに近いと思われる。また，r を 1 未満の値とすれば，音速を遅くする気体を吸い込んだときの声を擬似的に聞くことができる。

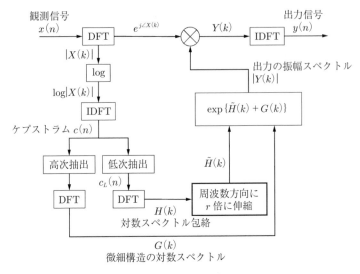

図 **6.39**　ヘリウムボイスを生成するためのブロック図

　ヘリウムボイスの効果を確認するため，シミュレーションを行った。ここで，
式 (6.43) において $N = 512$, $L = 26$ とした。スペクトログラムの作成は，3/4
オーバラップの STFT を用いた。また，ヘリウムボイス処理後のフレーム間の
接続を滑らかにするため，IDFT におけるオーバラップ加算の際にも窓関数を
かけている。16 kHz サンプリングの音声に対して，$r = 2$ と $r = 0.5$ に設定し
た結果を**図 6.40** に示す。ここで，図 (a) が $r = 2$ の結果，図 (b) が $r = 0.5$ の
結果である。それぞれ，上段がもとの信号，下段がヘリウムボイス処理の結果
を表している。

　図から，いずれの結果においても，音声の基本周波数とその高調波の位置は
ほとんど変化していないことがわかる。一方，スペクトルが強く現れている共
鳴周波数（フォルマント）の位置は，r 倍の位置に移動していることがわかる。

　音声を聞いてみると，$r = 2$ のほうはヘリウムボイスのような音声になって
いる。また，$r = 0.5$ の結果は，音速を低くする気体を吸い込んで発声した状態
を模擬していることになる。

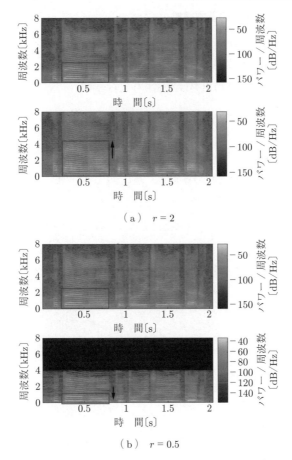

（a）　$r = 2$

（b）　$r = 0.5$

図 **6.40**　ヘリウムボイスのシミュレーション結果（図
(a), (b) において，上段がもとのスペクトログラム，下
段が処理後のスペクトログラム）

6.6　コンプレッサ

本節では，**コンプレッサ**（compressor）と呼ばれる音声の変換方式について
説明する。コンプレッサは，入出力関係の設定により，**ノイズゲート**（noise
gate）や**ディストーション**（distortion）と呼ばれるエフェクトをつくること
ができる。

6.6.1　コンプレッサの基本構成

コンプレッサは,観測信号に対して,波形振幅の**ダイナミックレンジ**(dynamic range,最小値から最大値までの幅) を圧縮する効果がある。入力信号を $x(n)$ とすると,コンプレッサの出力は次式で与えられる。

$$y_c(n) = \begin{cases} \dfrac{x(n)}{|x(n)|}\{a|x(n)| + (1-a)T_h\}, & |x(n)| \geq T_h \\ x(n), & \text{otherwise} \end{cases} \quad (6.50)$$

ここで, a は圧縮の程度を決める定数で, T_h はしきい値である。$a < 1$ とすると,ダイナミックレンジを圧縮することができる。

　例として, $a = 0.5$, $T_h = 0.4$ のときのコンプレッサの入出力関係を**図 6.41**に示す。ここで,横軸と縦軸は,入力信号 $x(n)$ と出力信号 $y_c(n)$ の絶対値である,また, $x(n)$ は,絶対値の最大値が 1 に正規化されているとする。

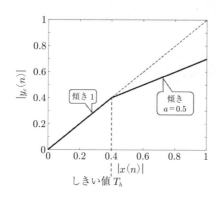

図 6.41　コンプレッサの入出力関係

　図では,大きい振幅を小さくし,もともと小さい振幅はそのまま保持することで,ダイナミックレンジが圧縮されている。このとき,全体的に極端な音量の差がなくなり,聞きとりやすい音になる。ポップス音楽などでは,このような変換がよく用いられている。

　ただし,式 (6.50) では,出力の絶対値の最大値が 1 未満になるため,音が小さくなっている。そこで通常は,出力の最大値を 1 に正規化しておく。

例題 6.3

コンプレッサの式 (6.50) では，図 6.41 に示したように，a, T_h に対応して 2 種類の直線が生じる。それぞれの直線の式を示し，$|y_c(n)|$ の最大値を求めよ。

【解答】 前半の直線は

$$|y_c(n)| = |x(n)| \tag{6.51}$$

であり，しきい値 T_h 以降の直線は

$$|y_c(n)| = a(|x(n)| - T_h) + T_h \tag{6.52}$$

で与えられる。$|y_c(n)|$ の最大値は，$|x(n)| = 1$ のときの値なので，$|y_c(n)| = a + T_h - aT_h$ となる。 ∎

式 (6.50) の $y_c(n)$ を正規化するには，$y_c(n)$ を $|y_c(n)|$ の最大値で除算すればよい。よって，正規化されたコンプレッサの出力は

$$y(n) = \frac{1}{a + T_h - aT_h} y_c(n) \tag{6.53}$$

で与えられる。

図 6.41 を正規化した場合の入出力関係を**図 6.42** に示す。図のように，出力を正規化したコンプレッサでは，小振幅に対する増幅率が高く，大振幅に対する増幅率が低くなるという動きをすることがわかる。

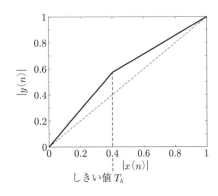

図 6.42 コンプレッサの入出力関係
（出力の最大値を 1 に補正した場合）

　コンプレッサの効果を確認するために，シミュレーションを行った。ただし，$a = 0.5$，$T_h = 0.4$ と設定した。**図 6.43** に結果を示す。ここで，上段が入力信号 $x(n)$，下段が出力信号 $y(n)$ である。下段の $y(n)$ では，$x(n)$ の小振幅の波形が増幅し，全体として振幅の差が小さくなっていることが確認できる。

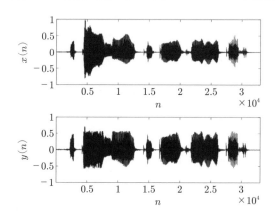

図 6.43　コンプレッサの結果（上段：入力信号 $x(n)$，
　　　　　　下段：コンプレッサの出力 $y(n)$）

6.6.2　ガンマ変換によるコンプレッサ

　画像処理で用いられるガンマ変換を用いても，コンプレッサと同じような効果が得られる。

　入力信号 $x(n)$ と出力信号 $y(n)$ の符号は同じとしておく。ガンマ変換による振幅の入出力関係は次式となる。

$$|y(n)| = |x(n)|^{1/\gamma} \tag{6.54}$$

ここで，γ の値によって，出力の特性が変化する。

　図 6.44 にガンマ変換による入出力関係を示す。図からわかるように，$\gamma > 1$ でコンプレッサと類似の効果となる。

　ガンマ変換によるコンプレッサを $\gamma = 2$ として実行した。結果を**図 6.45** に示す。ここで，上段が入力信号 $x(n)$，下段が出力信号 $y(n)$ である。結果から，

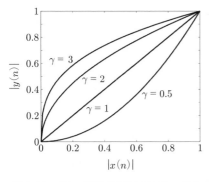

図 **6.44** ガンマ変換によるコンプレッサの入出力関係

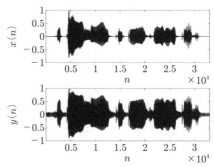

図 **6.45** ガンマ変換によるコンプレッサの実行結果

小振幅の波形が増幅され，極端な音量の差がなくなっていることがわかる。ただし，この設定では，音声が存在しない区間におけるノイズも増幅されている。ガンマ変換はパラメータが一つだけで使いやすい反面，応用によっては使用する際に注意が必要である。

例題 6.4

ガンマ変換の式 (6.54) について，絶対値ではなく，符号を含めた形で入出力関係を表せ。

【解答】　入力信号 $x(n)$ が，$x(n) \neq 0$ のときの符号は，$x(n)/|x(n)|$ で与えられる。よって，$x(n) \neq 0$ に対し

$$y(n) = \frac{x(n)}{|x(n)|} \times |x(n)|^{1/\gamma} = x(n)|x(n)|^{(1/\gamma)-1} \tag{6.55}$$

と書ける。　　　　　　　　　　　　　　　　　　　　　　　　　　　　■

6.6.3　ノイズゲート

ノイズゲートもコンプレッサの一種として実現できる。これは，小振幅の信号をノイズとみなし，しきい値以上の振幅のみを通過させる処理となる。

ノイズゲートの入出力関係は次式で与えられる。

$$y(n) = \begin{cases} x(n), & |x(n)| \geq T_h \\ 0, & \text{otherwise} \end{cases} \tag{6.56}$$

ここで，T_h はしきい値である。

　ノイズゲートの入出力関係を**図 6.46** にプロットしておく。図からもわかるように，ノイズゲートは，単純に絶対値がしきい値 T_h 以下の信号を 0 にするという処理である。これにより，小振幅のノイズを除去することができる。

　ノイズを付加した音声に対して，ノイズゲートのシミュレーションを行った結果の波形とスペクトログラムを**図 6.47** に示す。ただし，ノイズゲートのし

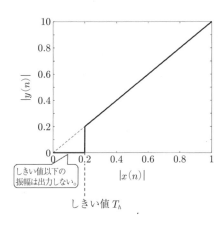

図 6.46 ノイズゲートの
入出力関係

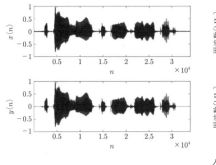
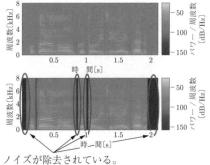

ノイズが除去されている。

図 6.47 ノイズゲート入出力波形とスペクトログラム
（上段：入力信号 $x(n)$，下段：出力信号 $y(n)$）

きい値は $T_h = 0.02$ と設定した。結果の波形から，観測信号では細い帯のように存在するノイズが，出力信号では消失していることが確認できる

　また，それぞれのスペクトログラムの結果から，音声が存在しない部分については，ノイズが除去されていることがわかる。一方，音声が存在する部分においては，ノイズが残留している。これは，小振幅のノイズが大振幅の音声に加算され，結果として大振幅とみなされたことが原因である。ノイズゲートは非常に簡単な処理でノイズを除去できるが，ノイズ除去性能は，スペクトル減算法や適応線スペクトル強調器よりも劣る。

6.6.4　ディストーション

　コンプレッサの別の応用として，ディストーションがある。ディストーションは，しきい値 T_h 以上の絶対値をすべて T_h で置き換える手法である。これにより生じる金属的な音色が特徴である。

　ディストーションの入出力関係は，次式で与えられる。

$$|y(n)| = \begin{cases} Th, & g|x(n)| \geq T_h \\ g|x(n)|, & \text{otherwise} \end{cases} \tag{6.57}$$

ここで，g (> 1) はゲインと呼ばれる乗算定数である。また，$y(n)$ と $x(n)$ の符号は同じとする。

　入出力関係を図示すると，**図 6.48** になる。ここで，$g = 10,\ T_h = 0.7$ とし

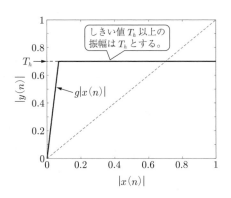

図 6.48　ディストーションの
入出力関係

ている。

図に示すように，ディストーションでは，入力信号の振幅を増幅し，大振幅となった波形をクリップする動作となる。ディストーションは，極端なコンプレッサと考えることもできる。

ディストーションの効果を確認するため，シミュレーションを行った。シミュレーションでは，入力信号 $x(n)$ を増幅するための乗算器を $g = 10$，しきい値を $T_h = 0.7$ に設定した。

処理結果の波形とスペクトログラムを**図 6.49** に示す。上段が入力波形，下段が出力波形である。下段の出力波形から，信号の絶対値が 0.7 でクリップされていることが確認できる。

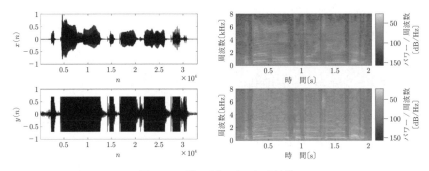

図 6.49 ディストーションの結果

また，スペクトログラムの結果から，出力信号 $y(n)$ に，強い倍音成分が生じていることがわかる。これは，T_h 以上の絶対値をクリップしたことで生じた周波数成分で，硬質な音色を与える要因となっている。

6.7 その他の音響エフェクト

最後に，トレモロ，ビブラート，コーラスの実現方法を説明する。ここで紹介するエフェクトは，いずれも非常に簡単な処理で，かつリアルタイムで実行することができる。

6.7.1 ト レ モ ロ

トレモロ (tremolo) は，音を小刻みに演奏する技法であり，ギター，マンド
リン，ヴァイオリンなどでよく用いられている。小刻みに演奏することで，音
量が，周期的に素速く変化し続ける。トレモロは，音を周期的に揺らす技法な
ので，入力信号に正弦波を乗じることで実現できる。これは，AM 変調の原理
そのものとなる。

入力信号を $x(n)$，出力信号を $y(n)$ とすると，トレモロを実現するフィルタ
構成は**図 6.50** のようになる。

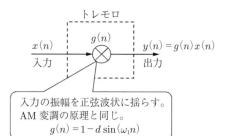

図 **6.50** トレモロを実現する
システム

図に示すように，入出力関係は次式で与えられる。

$$y(n) = g(n)x(n) \tag{6.58}$$

$$g(n) = 1 - d\sin(\omega_1 n) \tag{6.59}$$

ここで，ω_1 は音の変化の周波数を決定するパラメータである。サンプリング周
波数が F_s〔Hz〕のとき，音の変化の周波数を F〔Hz〕にするには

$$\omega_1 = 2\pi \frac{F}{F_s} \tag{6.60}$$

と設定する。周波数 F〔Hz〕は，$0 < F < F_s/2$ の範囲で設定可能であり，大
きいほど高速な変化が生じる。通常は数 Hz から数十 Hz 程度で設定する。

また，式 (6.58) の d は音の変化の大きさを決定するパラメータであり，$0 <
d < 1$ のように設定する。このとき

$$1 - d \leq g(n) \leq 1 + d \tag{6.61}$$

である。つまり，式 (6.58) を用いると，本来の $x(n)$ の大きさを $1 - d$ から $1 + d$ の範囲で，周期的に変化させることができる。

図 6.51 に，$d = 0.1$ とした場合と $d = 0.5$ とした場合の $g(n)$ の変化を示しておく。図から，d が 0 に近づくほど $g(n)$ の変化が小さく，1 に近いほど変化が大きくなることがわかる。

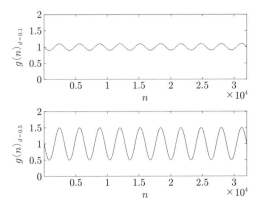

図 6.51 トレモロにおける $g(n)$ の変化
（$d = 0.1$ と $d = 0.5$ の比較）

$g(n)$ は 1 を中心とした正弦波の動きになっている。よって，$g(n)$ を $x(n)$ に乗じると，$x(n)$ は本来の大きさ（1 倍）を中心にして，振幅が変化することになる。

トレモロの効果を確認するため，シミュレーションを行った結果の波形を**図 6.52** に示す。ここで，サンプリング周波数を $16\,\text{kHz}$，$F = 10\,\text{(Hz)}$，$d = 0.5$ に設定した。また，入力信号は，手笛という奏法による音を用いた。図の上段が入力信号 $x(n)$ の波形，下段が出力信号 $y(n)$ の波形である。結果を見ると，波形が小刻みに振動していることが確認できる。

図 6.52 の 16 000 番目のサンプルから 1 秒間の波形を拡大したものを**図 6.53** に示す。結果から，$F = 10\,\text{(Hz)}$ の指定どおり，出力信号の 1 秒間に 10 回の振幅変化が確認できる。

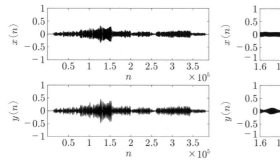

図 6.52 手笛演奏に対するトレモロの結果

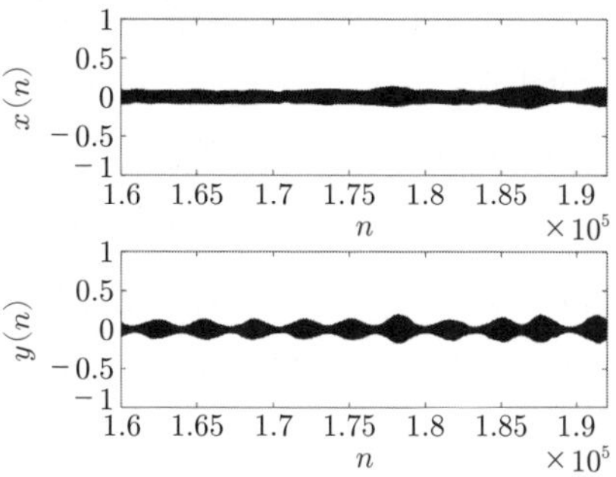

図 6.53 手笛演奏に対するトレモロの結果（図 6.52 の 16 000 サンプルから 1 秒間の拡大波形）

6.7.2 ビブラート

トレモロでは，音の大きさを周期的に変化させた。これに対し，**ビブラート**（vibrato）では，音の周波数を高低に変化させる技法であり，歌唱でよく用いられる。ビブラートを実現するには，入力信号に周期的な遅延を与えればよい。周期的な遅延の導入は，早回し再生と遅回し再生を反復することに相当する。早回し再生時には声の周波数が高くなり，遅回し再生時には声の周波数が低くなる。これにより，ビブラートの効果が得られる。

ビブラートを実現するフィルタ構成を**図 6.54** に示す。ここで，遅延量 $\tau(n)$ が周期的に変化する。遅延量の周波数を F〔Hz〕，サンプリング周波数を F_s〔Hz〕とすれば

$$\tau(n) = d\left\{1 + \sin\left(2\pi \frac{F}{F_s} n\right)\right\} \tag{6.62}$$

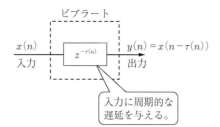

図 6.54 ビブラートを実現するシステム

のように与えられる。ここで、d は定数であり、$\tau(n)$ は、0 から $2d$ で周期的に変動する。

定数 d が大きいほど周波数方向の変化が大きくなり、F が大きいほど高速な変化が生じる。ただし、$\tau(n)$ は整数になるとは限らないので、その場合は、近傍のサンプルの値から線形補間により出力を与える。

線形補間の考え方を**図 6.55** に示す。ここで、$\tau(n)$ の整数部分を $\hat{\tau}$ とする。そして、$x(n-\hat{\tau})$ と $x(n-\hat{\tau}-1)$ の二つのサンプルを結合して $x(n-\tau(n))$ の近似値をつくる。結合の際の重みは、$\tau(n)$ の小数部分を利用する。

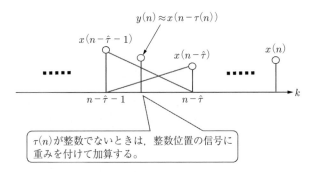

図 6.55 ビブラートの出力信号を線形補間により与える

ビブラートの入出力関係は、次式で与えられる。

$$y(n) = (1-\alpha)x(n-\hat{\tau}) + \alpha x(n-\hat{\tau}-1) \tag{6.63}$$

$$\hat{\tau} = \lfloor \tau(n) \rfloor \tag{6.64}$$

$$\alpha = \tau(n) - \hat{\tau} \tag{6.65}$$

ビブラートの効果を確認するため、シミュレーションを行った。観測信号は、手笛の音で、サンプリング周波数は 16 kHz とした。シミュレーションでは、d を 2 ms（$16\,000 \times 0.002 = 32$ サンプル）、$F = 5$〔Hz〕に設定した。

結果のスペクトログラムを**図 6.56** に示す。ここで、STFT のフレーム長を 2 048 サンプル、ハン窓を用い、ハーフオーバラップでスペクトログラムを作成した。また、0 Hz から 4 kHz までを拡大表示している。

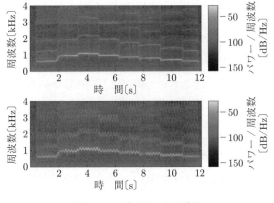

図 **6.56**　ビブラートの結果

　上段が入力信号，下段がビブラートを適用した結果である。スペクトログラムから，周波数が上下に揺れており，ビブラートの効果が現れていることがわかる。

6.7.3　コ　ー　ラ　ス

コーラス（chorus）では，同じ音程で，複数の人が歌う。この際，複数の声では，歌うタイミングに多少のずれが生じ，さらに高さも微妙にずれる。よって，音声に，遅延と高さのずれを同時に与えることができるビブラートを応用すれば，コーラスのような効果を実現できる。

　二人のコーラスを想定すると

$$y(n) = x(n) + y_v(n) \tag{6.66}$$

である。ここで，$y_v(n)$ は，式 (6.63) のビブラートの出力を表す。ただし，$y_v(n)$ を得るための遅延量 $\tau(n)$ は

$$\tau(n) = d + p\sin\left(\frac{2\pi Fn}{F_s}\right) \tag{6.67}$$

のように与える。上式の $\tau(n)$ では，p というパラメータを新たに追加しており，$p < d$ のように設定する。このとき

$$d - p \leq \tau(n) \leq d + p \tag{6.68}$$

となり，遅延量は 0 にはならない。

　すると，ビブラートの声は遅延信号 $x(n-d)$ を中心に変動し，かつ現在の入力信号に重なる瞬間がなくなる。この際，より明確なコーラス効果を得ることができる。

　コーラスでは，同じように声を発することが前提なので，遅延量の周波数 F は小さめに設定すると効果的である。極端な場合，$F = 0$ に設定すると，エコーと同じ効果になるが，これも複数の人が同じ声を発している状態を模擬している。

　コーラスを実現するフィルタ構成を**図 6.57** に示す。図では，ビブラートを単純に入力信号に加算する構成となっている。ただし，遅延量が式 (6.67) で与えられる点に注意が必要である。

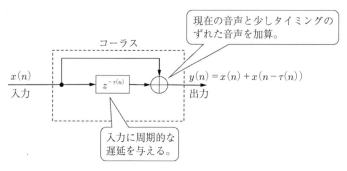

図 **6.57**　コーラスを実現するシステム

　コーラスの効果を確認するため，シミュレーションを行った。サンプリング周波数を 16 kHz とし，$d = 480$ (30 ms)，$d_p = 160$ (10 ms)，$F = 0.1$ 〔Hz〕に設定した。

　入力音声に対する結果のスペクトログラムを**図 6.58** に示す。ここで，STFT のフレーム長を 2 048 サンプル，ハン窓を用い，ハーフオーバラップでスペクトログラムを作成した。また，0 Hz から 4 kHz までを拡大表示している。上段が原音声のスペクトログラム，下段がコーラスのスペクトログラムである。

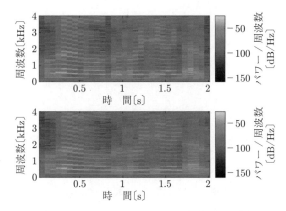

図 **6.58** コーラスのエフェクトを適用した結果

　コーラスの効果によって，スペクトログラムがややぼやけた感じになっている。コーラスでは，ビブラート効果を与えた信号を，もとの入力信号と合算するので，出力の半分はもとの入力信号である。よって，視覚的にはその影響がわかりにくくなっている。一方，聴覚的には違いを明確に確認できる。

引用・参考文献

1) D.W. Griffin and J.S. Lim：Signal Estimation from Modified Short-Time Fourier Transform, IEEE Trans. Acoustics, Speech, and Signal Processing, **32**, 2, pp. 236–243 (1984)

2) 飯國洋二：適応信号処理アルゴリズム, 培風館 (2000)

3) 古井貞熙：ディジタル音声処理 (ディジタルテクノロジーシリーズ 6), 東海大学出版会 (1985)

4) P.B.L. Meijer：An experimental system for auditory image representations, IEEE Trans. on Biomedical Engineering, **39**, 2, pp. 112–121 (1992)

5) S.F. Boll：Suppression of acoustic noise in speech using spectral subtraction, IEEE Trans. Acoustics, Speech, and Signal Processing, **27**, 2, pp. 113–120 (1979)

6) Y. Ephraim and D. Malah：Speech enhancement using a minimum mean square error short-time spectral amplitude estimator, IEEE Trans. Acoustics, Speech, and Signal Processing, **32**, 6, pp. 1109–1121 (1984)

7) P.J. Wolfe and S.J. Godsill：Efficient Alternatives to the Ephraim and Malah Suppression Rule for Audio Signal Enhancement, EURASIP Journal on Applied Signal Processing, **10**, pp. 1043–1051 (2003)

8) T. Lotter and P. Vary：Speech enhancement by MAP spectral amplitude estimation using a super-Gaussian speech model, EURASIP Journal on Applied Signal Processing, **7**, pp. 1110–1126 (2005)

9) S. Haykin 著, 武部 幹 訳：適応フィルタ入門, 現代工学社 (1987)

10) Y. Wakabayashi, Y. Satomi, A. Kawamura, and Y. Iiguni：Convergence vector of normalized least-mean-square algorithm for predicting deterministic sinusoidal signals, Acoust. Sci. & Tech., **33**, 4, pp. 270–272 (2012)

11) 青木直史：C 言語ではじめる音のプログラミング, オーム社 (2008)

索　引

────── 監修者・著者略歴 ──────

田中 聡久（たなか としひさ）

1997年　東京工業大学工学部電気・電子工学科
　　　　卒業
2000年　東京工業大学大学院理工学研究科修士
　　　　課程修了
2002年　東京工業大学大学院理工学研究科博士
　　　　後期課程修了，博士（工学）
2002年　理化学研究所脳科学総合研究センター
　　　　研究員
2004年　東京農工大学講師
2006年　東京農工大学助教授
2007年　東京農工大学准教授
2018年　東京農工大学教授
　　　　現在に至る

川村 新（かわむら あらた）

1995年　鳥取大学工学部電気電子工学科卒業
1995年
　〜99年　ABB 株式会社勤務
2001年　鳥取大学大学院工学研究科博士前期
　　　　課程修了（情報生産工学専攻）
2003年　鳥取大学大学院工学研究科博士後期
　　　　課程中退（情報生産工学専攻）
2003年　大阪大学助手
2005年　博士（工学）（大阪大学）
2007年　大阪大学助教
2012年　大阪大学准教授
2018年　京都産業大学教授
　　　　現在に至る

音声音響信号処理の基礎と実践
―フィルタ，ノイズ除去，音響エフェクトの原理―
Fundamentals and Practice of Speech and Acoustic Signal Processing
―Principles of Filter, Noise Reduction, and Acoustic Effects―

Ⓒ Arata Kawamura 2021

2021 年 4 月 30 日　初版第 1 刷発行
2024 年 6 月 25 日　初版第 2 刷発行

検印省略		

監 修 者　田 中 聡 久
著 者　川 村 新
発 行 者　株式会社　コロナ社
　　　　　代 表 者　牛 来 真 也
印 刷 所　三 美 印 刷 株 式 会 社
製 本 所　有限会社　愛 千 製 本 所

112–0011　東京都文京区千石 4–46–10
発 行 所　株式会社　コロナ社
CORONA PUBLISHING CO., LTD.
Tokyo Japan
振替 00140–8–14844・電話(03)3941–3131(代)
ホームページ　https://www.coronasha.co.jp

ISBN 978–4–339–01402–0　C3355　Printed in Japan　　　（齋藤）

音響学講座

(各巻A5判)

■日本音響学会編

	配本順				頁	本体
1.	(1回)	基礎音響学	安藤彰男編著		256	3500円
2.	(3回)	電気音響	苣木禎史編著		286	3800円
3.	(2回)	建築音響	阪上公博編著		222	3100円
4.	(4回)	騒音・振動	山本貢平編著		352	4800円
5.	(5回)	聴覚	古川茂人編著		330	4500円
6.	(7回)	音声(上)	滝口哲也編著		324	4400円
7.	(9回)	音声(下)	岩野公司編著		208	3100円
8.	(8回)	超音波	渡辺好章編著		264	4000円
9.	(10回)	音楽音響	山田真司編著		316	4700円
10.	(6回)	音響学の展開	安藤彰男編著		304	4200円

音響入門シリーズ

(各巻A5判, ○はCD-ROM付き, ☆はWeb資料あり, 欠番は品切です)

■日本音響学会編

	配本順			頁	本体
○ A-1	(4回)	音響学入門	鈴木・赤木・伊藤 佐藤・苣木・中村 共著	256	3200円
○ A-2	(3回)	音の物理	東山三樹夫著	208	2800円
○ A-4	(7回)	音と生活	橘・田中・上野 横山・船場 共著	192	2600円
☆ A-5	(9回)	楽器の音	柳田益造編著 高橋・西口・若槻共著	252	3900円
○ B-1	(1回)	ディジタルフーリエ解析(I) ―基礎編―	城戸健一著	240	3400円
○ B-2	(2回)	ディジタルフーリエ解析(II) ―上級編―	城戸健一著	220	3200円
☆ B-4	(8回)	ディジタル音響信号処理入門	小澤賢司著	158	2300円

(注：Aは音響学にかかわる分野・事象解説の内容，Bは音響学的な方法にかかわる内容です)

定価は本体価格+税です。
定価は変更されることがありますのでご了承下さい。

図書目録進呈◆

音響サイエンスシリーズ

(各巻A5判，欠番は品切，☆はWeb資料あり)

■日本音響学会編

以 下 続 刊

定価は本体価格+税です。

定価は変更されることがありますのでご了承下さい。

図書目録進呈◆

音響テクノロジーシリーズ

(各巻A5判，欠番は品切です)

■日本音響学会編

定価は本体価格＋税です。
定価は変更されることがありますのでご了承下さい。

図書目録進呈◆

次世代信号情報処理シリーズ

（各巻A5判）

■監修　田中聡久

定価は本体価格＋税です。
定価は変更されることがありますのでご了承下さい。

‖‖‖‖‖‖‖‖‖‖‖‖‖‖‖‖‖‖‖‖‖‖‖‖‖‖　図書目録進呈◆